赵文武 编著

如果你还有余力，就没有权利说放弃

中国纺织出版社

内容提要

世界上任何一件事的做成，都需要坚持和努力，你没有做到竭尽全力，就没有权利说放弃，我们不能祈求事事如意，唯有时时努力，竭尽全力去奋斗，方能体会收获的快乐。

本书通过大量通俗易懂且富有哲理的事例，告诫那些正在人生路上默默奋斗却内心迷茫的人，唯有坚持再坚持，只有努力努力再努力，才不会辜负人生的意义。

图书在版编目（CIP）数据

如果你还有余力，就没有权利说放弃/赵文武编著. -- 北京：中国纺织出版社，2019.11
ISBN 978-7-5180-6102-0

Ⅰ.①如… Ⅱ.①赵… Ⅲ.①成功心理—通俗读物 Ⅳ.①B848.4-49

中国版本图书馆CIP数据核字（2019）第063521号

责任编辑：李 杨　　特约编辑：王佳新
责任校对：楼旭红　　责任印制：储志伟

中国纺织出版社出版发行
地址：北京市朝阳区百子湾东里A407号楼　邮政编码：100124
销售电话：010—67004422　传真：010—87155801
http://www.c-textilep.com
中国纺织出版社天猫旗舰店
官方微博http://weibo.com/2119887771
三河市延风印装有限公司印刷　各地新华书店经销
2019年11月第1版第1次印刷
开本：880×1230　1/32　印张：6.5
字数：114千字　定价：39.80元

凡购本书，如有缺页、倒页、脱页，由本社图书营销中心调换

前 言

人生在世，几乎都有自己的梦想和渴望。然而，成功者为极少数，大部分人还是失败了，为什么呢？不少人会说，我是因为智力不足、能力不佳等，而其实，唯一的原因就是没有做到竭尽全力。要知道，没有人能随随便便成功，成功拼的就是一个人的耐力，因为成功之路绝非一帆风顺，那些已经实现了人生梦想的成功者，无一不是在人生路上不断奋斗和努力，最终跨越人生困境，迈过人生坎坷的。殊不知，有梦想只是起航人生的第一步，我们还必须把梦想变成现实，这样我们的人生才能不再晦暗，我们的未来也才充满光明和希望。

因此，生活中的人们，如果你想获得成功，你在做任何事时，都要有全力以赴的精神，做到不抛弃、不放弃。

德国大作家歌德说过："人们在那里高谈阔论着天气和灵感之类的东西，我却像打金锁链那样苦心劳动着，把一个个小环节用合适的方法连接起来。"唯一蝉联三次世界冠军的天才教练蓝

**如果你还有余力，
就没有权利说放弃**

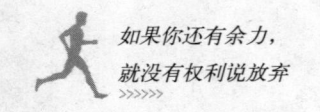

柏第有一次说："任何一位顶天立地、有作为的人，不管怎样，最后他的内心一定会感谢刻苦的工作与训练，他一定会衷心向往训练的机会。"

的确，任何人、任何事情的成功，固然受很多因素的影响，但最根本的就是坚持。当我们面临考验之际，往往会以为已经到了绝境，但此时，不妨静下心来想一想，难道真的没有机会了吗？当然不，只要你不放弃、不遗余力地去做，你会发现，你经受的只是一个考验，考验过去就是光明，就是成功。

生活中的人们，在追求成功的过程中一定充满了挫折与失败。挫折是生活的组成部分，你总会遇到。社会间的万事万物，无一不是在挫折中前进的。即使是灾难也不足以让你垂头丧气。有时候，可能一次可怕的遭遇会使你倍受打击，认为未来都失去了意义。在这种情况下，你必须相信：灾难中也常常蕴含着未来的机遇。

可能一些人会说，我已经很努力了，为什么还失败了呢？其实，这是因为你没有做到拼尽全力。要知道，努力并且是持续的努力非常重要。必须付出"不亚于任何人的努力"，否则就无法在严酷的竞争中立足。而且这种努力不是一时的，而必须是持续不断、永无止境的。正如日本京瓷公司创始人曾说："所谓已经不行了，已经无能为力了，只不过是过程中的事。竭尽全力直到极限就一定能成功。"

  那么现在，你是否觉得急需一个导师来重新规划自己的人生？是否需要一剂强心剂来振奋你的心？本书就是一本给人力量、促人奋斗的心灵鸡汤。本书犹如一位智者娓娓道来，帮助你在灯红酒绿的社会中找到自己的位置、唤醒自己的梦想，更是你在为梦想奋斗过程中的精神导师，帮助你排除疑惑，找到人生努力的方向和动力。读完本书，你会获得力量，会找到奋斗的方向，最终驾驭自己的人生，实现自己的人生价值！

编著者

2019年9月

目录

第01章 心中有坚定的目标,人生才有努力的方向 ‖001

　　心中有方向,脚下才有路 ‖002

　　努力的方向比努力本身更重要 ‖005

　　坚定当初的目标并坚持不懈地去追求 ‖008

　　伟人立长志,凡人常立志 ‖012

　　无论什么路,选择之后就别后悔 ‖016

　　任何时候都不要放弃志向和希望 ‖019

第02章 理想有多远大,信念就要有多坚强 ‖021

　　唯有行动,才能让你释放潜能、发光发热 ‖022

　　只有不满足,才会渴求下一次更大的成功 ‖024

　　自信能唤起你心中沉睡的巨人 ‖029

　　培养勇气,告别唯唯诺诺 ‖031

　　对于成功而言,恒心就是力量 ‖034

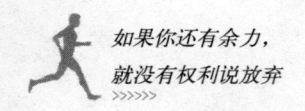

听从心中梦想的召唤，坚持不懈地走下去 ‖036

第03章 困难，永远会给勇者让路 ‖039

不逃避问题，不畏惧困难 ‖040

偏离原来的方向时，勇敢迈出新的一步 ‖043

只有勇者才能摘取成功的鲜花 ‖047

知难而进，才能走出困境 ‖050

要克服难题，首先要有勇气 ‖052

最可悲的事情，莫过于败给自己的恐惧 ‖053

第04章 绝境是弱者的绊脚石，也是强者的助推器 ‖055

绝境能吞噬弱者，也能造就强者 ‖056

心宽了，困难就小了 ‖059

面对绝境，也要保持平静的心态 ‖061

脚踏实地才是实现梦想的唯一途径 ‖065

直面失败，才会迎来真正的成功 ‖068

挫折受够了，成功也就到来了 ‖069

别总是盯着失败，多看积极的一面 ‖072

第05章　想成功，就别对自己心慈手软　‖077

想成功，就要有意识地学会吃苦　‖078

越努力，越幸运　‖081

坚持下去，你会成为翱翔的雄鹰　‖086

狠下心来，改掉你的坏习惯　‖089

勇敢站起来，继续上路　‖090

注重积累，实现人生的追求　‖095

第06章　不要轻易放弃，跨过障碍就是胜利　‖099

绝不放弃，你一定会获得不可思议的成就　‖100

咬咬牙，忍一忍就过去了　‖102

遭遇绝境时，不妨再坚持一下　‖104

一往无前，无论如何别放弃希望　‖106

坚守己心，每个人都有自己的活法　‖110

别轻言放弃，路难走时再坚持一下　‖114

第07章　做最好的自己，努力让生命绽放美丽　‖119

要想成功，就必须历经千难万险　‖120

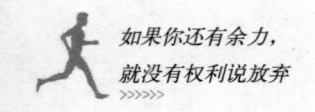

认真做人做事，你会得到充实的人生 ‖ 123

你还没有尽全力，有何借口说放弃 ‖ 128

要有努力生活的斗志，抗击环境的坚强毅力 ‖ 128

善始善终，做事不可半途而废 ‖ 130

不要随意改变，坚持自己的与众不同 ‖ 134

第08章　有毅力者先抵达成功终点 ‖ 137

任何一种策略，只有坚持才会产生价值 ‖ 138

只要你有梦想，慢一点完成也会成功 ‖ 140

凡事顺其自然，生活才会舒心 ‖ 143

经历风雨洗礼，实现完美蜕变 ‖ 147

不断积累失败经验，在悲剧中铸就璀璨的成功 ‖ 149

多加磨炼，方能受益 ‖ 151

意志力的支撑，助你迈过人生艰难时刻 ‖ 153

第09章　放眼未来，远见让你走得更远 ‖ 157

一味地表达不满，不如付诸行动改变现状 ‖ 158

只有长时间地吃苦，才有长时间的收获 ‖ 161

畏手畏脚的人，绝不会获得成功 ‖164

学会控制自己的思维，从长远考虑问题 ‖166

把握好做人做事的尺度和分寸 ‖171

计划周密，做足准备工作 ‖175

第10章 控制好自己的心，有思路就不怕没出路 ‖179

有思路，就有出路 ‖180

发自内心的改变，将使你脱胎换骨 ‖183

认真勇敢地担起责任，以此得到别人的尊重 ‖186

不要让思维定式限制你的人生 ‖188

勤奋努力，别为自己的懈怠找理由 ‖192

参考文献 ‖195

第01章
心中有坚定的目标，人生才有努力的方向

我们都知道，梦想的实现需要一个过程，并不是一蹴而就的，需要以奋斗为基石，所以我们需要制定目标和计划，这样的行动才有了方向。我们也发现，将士在军事作战开战前，都会制定几套作战方案；企业研发出新产品并决定投入市场之前，也会制定很多的营销计划，我们无论做什么也是如此，制定目标是实现最终成功的必由之路，否则，一切都是空谈和泡影，只有在清晰的目标的指引下，我们才能一步步朝着梦想迈进。

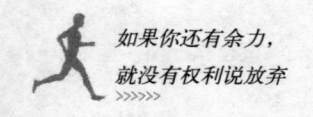

如果你还有余力，
就没有权利说放弃

心中有方向，脚下才有路

王阳明有言："为学须得有个头脑，功夫方有着落。纵未能无间，如舟之有舵，一提便醒。"这说明不管是做事、修身还是学习，都必须有一个明确的目标。那些大凡作出巨大成就的人，都知道自己想成就的是什么。他们绝不像太平洋中没有指南针的船只一样，随风飘荡。成就梦想，定下目标是第一步，然后再去思考如何达成自己的目标。这道理似乎听起来好像老生常谈，但是，令人惊讶的是，许多人都没有认清，为自己制定目标以及执行计划，是唯一能超越别人的可行途径。在人生的道路上，我们做任何事情都需要有立场、有目标，这样才不会失败。

有一次王阳明听说有一位不食人间烟火的圣人居住在洞穴里，所以决定前去拜会。

当他攀爬上悬崖峭壁，行走过陡峭险峰，好不容易找到这位圣人之后，却发现此人正在那里呼呼大睡。王阳明毫不客气地坐

第01章
心中有坚定的目标，人生才有努力的方向

在他身边，以为他在装睡，便摸着他的脚，结果这个圣人就醒过来了，他非常诧异地看着王阳明这不速之客，说道："路险，何以至此？"

王阳明微笑着反问道："何为修道最上乘的功夫呢？"第一次见面就问这样高深的问题，圣人深知这个人并非一般人物，于是十分真诚地与他一起探讨了起来，谁能想到这两个人不聊不要紧，一聊竟然十分投机，从儒、释、道谈及朱熹的格物致知，说到了禅宗的明心见性，两个人还聊起了北宋的程明道和周濂溪两位儒家。临别之际，圣人跟王阳明说："周濂溪与程明道也不过是儒家的两个好秀才而已。"

此次拜访使得王阳明找到了自己的目标，他说："韩、柳不过是文人；而李、杜也不过是诗人，如果有志向学习心性之学，以颜回、闵损为期，非第一德业乎？"为了追求自己的第一德业，王阳明说做就做，马上以养病为理由向皇帝请辞，要求回家修养，远离凡尘琐事，跑到山中一心一意地在阳明洞中潜心修道去了。

人生的精彩源于志向的精彩，目标的高度将决定成就的高度，其实，我们每个人都是自己命运的设计师。人生的道路该如

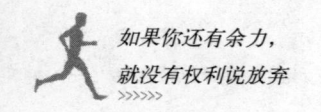

何去走，向着什么方向去走，最终要达到什么样的目标……所有这些问题都应该由我们自己决定，而不需要被别人保证。如果我们失去了自己的立场与目标，那么一生也不会有什么大的作为。

每个人的行为特点都是有目的性的，一般来说，没有目的性的行为是很难成功的。生活中没有目标的人就是可怜的糊涂虫，他们永远没有办法找到成功的途径。车尔尼雪夫斯基曾说："一个没有被献身热情所鼓舞的人，永远不会做出什么伟大的事情。"我们一旦失去了目标，就意味着失去了人生的推动力，失败必将来临。当然，在追寻目标的过程中，我们应该有自己的立场，因为我们的生命不需要被保证。

亨利·戴维·索罗曾说："做自己的主人，人生所有的法则都将变得简单，孤独将不再孤独，贫穷将不再贫穷，脆弱将不再脆弱。"许多人用自己的行动证明了这一句话。在生活这个大舞台，每个人都是自己故事里的主角，只有为自己确定"角色"，把握好自己的立场，我们才能认识这个世界，获得最后的成功。

努力的方向比努力本身更重要

如果没有正确的志向，那努力本身就没有意义。一个人立下志向，其人生的方向就定了，再朝着这个方向努力，那就一定会实现当初的志向。人生最重要的是，不是你所处的位置，而是你所朝的方向。年轻人总感觉自己好像少了什么，是方向吗？是的，就是方向，年轻人有模糊的目标，却少了清晰的方向。年轻人必须有一个正确的方向，不管你多么意气风发，不管你多么足智多谋，不管你花费了多少心血，假如没有一个明确清晰的方向，你就会感到茫然，甚至在前进的路途中渐渐丧失斗志，忘却最初的志向。

《传习录》里记载："何廷仁、黄正之、李侯璧、汝中、德洪侍坐，先生顾而言曰：'汝辈学问不得长进，只是未立志。'侯璧起而对曰：'琪亦愿立志。'先生曰：'难说不立，未是必为圣人之志耳。'"王阳明教导学生说："你们的学问没什么长进，这是因为你们大家没有立志。"这时候李侯璧站起来对先生说："我愿意立志。"王阳明却说："很难说你没有立志，不过你立的不是一定要做圣人的志向。"学习要立志，但是立志要正

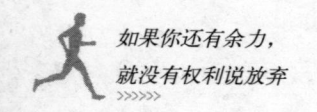

确，因为只有正确立志，方能朝着正确的人生方向行走。

伊辛巴耶娃，世界上第一个，也是唯一一个越过5米的俄罗斯女子撑杆跳运动员，她是撑杆跳这项运动中的佼佼。但是，谁能想到，她最初的梦想根本不是撑杆跳，她那时候最喜欢的是体操。

伊辛巴耶娃从小就对体操情有独钟，她梦想着自己有一天能成为世界体操冠军。为了实现自己的目标，她没日没夜地练习着体操，不管是寒冷的冬天，还是炎热的酷暑，伊辛巴耶娃对练习体操都不敢有一丝的懈怠。遗憾的是，随着年龄的增长，伊辛巴耶娃个子越长越高。对于一个体操运动员而言，高挑的身材反而是一种缺陷。比如，其他运动员能够翻四个跟头，伊辛巴耶娃却因为个子太高只能翻两个半。显而易见，伊辛巴耶娃1.74米的身高在体操队中没有任何竞争优势。

这该怎么办？如果伊辛巴耶娃继续在体操这条路坚持下去，最终只会碌碌无为，甚至有可能越来越处于劣势。于是，伊辛巴耶娃经过客观的分析、权衡后，果断地告别了体操队，不过她依旧没有放弃自己曾经的梦想——成为世界冠军。她想到自己个子高，于是，她又将梦想寄托在能够充分发挥自己身高优势的撑杆

第01章 心中有坚定的目标，人生才有努力的方向

跳运动上。

经过不懈的努力，终于，伊辛巴耶娃在撑杆跳运动中赢得了举世瞩目的成就。她在24岁时就成为了历史上最出色的女子撑杆跳运动员，曾十多次打破世界纪录，拥有5项重要赛事的冠军头衔：奥运会，世界室内、室外锦标赛，欧洲室内、室外锦标赛。

富兰克林曾说："宝贝放错了地方就成了废物。"年轻人要找准自己的方向，学会经营自己擅长的项目，能够让自己的人生增值，而经营自己的短板，只会让自己的人生贬值。伊辛巴耶娃无疑是聪明的，她放弃了自己喜欢但不能发挥自己优势的体操运动，转而选择更具优势的撑竿跳运动，从而成就了自己的世界冠军梦。所以，年轻人别把时间浪费在难以弥补的缺点上面，不要再让所谓的"短板"阻碍自己的成功之路。

没有方向的迷茫会造成内心的恐慌，在徘徊中挣扎，最终不过是一个平庸的人生。无头苍蝇找不到方向，才会处处碰壁；一个人找不到出路，才会迷茫、恐惧。所以，首先找到前进的方向比努力自身更重要。

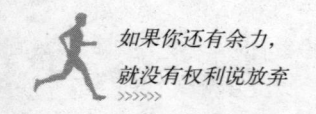

如果你还有余力，
就没有权利说放弃

坚定当初的目标并坚持不懈地去追求

孔子曰："君子立长志，小人常立志。"在生活中，有的人"立长志"，从小就树立了远大的理想，然后努力去实践，不屈不挠地去实现它；而有的人却"常立志"，一会儿有这样的理想，一会儿却又换成另一个目标，不努力实践，不去实现，终究一事无成。对于"立长志"还是"常立志"，诸葛亮主张"志需坚毅"，即立下的志向需要坚实，而不是经常改变。同时，他把持之以恒看作成功的重要条件。

对自己立下的志向，曾国藩很执着，在他看来，一旦立志，就不能朝三暮四，也不能像墙头的芦苇随风摇摆，而是要做到矢志不移，坚持自己的志向，随着时间的逝去，自己肯定会有所作为。

曾国藩从军之后，心中就怀揣着"临讫授命"的志向，假如自己患病了，他就会忧心自己一下子病死在家中，违背了最初的志向，从而失信于天下人。所以，等到自己痊愈之后，他就变得更加坚定自己最初的志向，在他心中，已经有了殉国的念头，愿战死沙场。

但是，他对于自己一生的志向，是满含自责意味的，这从他给子侄的信中可以看出："余生平坐不恒之弊，万事无成，德无成，业无成，已可深耻矣。等到办理军事，志向才最终确定，中间本志不变化，尤无恒之大者，用为内耻。"

在年轻的时候，曾国藩立志成为不同凡响的人物，成为"蛟龙"，后来，他办理军事，虽然干一番大事业的"志向"并没改变，但他自己却觉得从军一事是对本志的改变，所以，心中比较自责。的确，无论在什么时候，一个人要想成就一番大事，就必须树立远大的志向，而且，更为重要的是，贵在有恒，坚定当初的目标积极进取，坚持不懈地去追求，方能等到"守得云开见月明"之时。

刚刚大学毕业那会，小王满怀壮志踏进了社会，经过了几个月的奔波，她被一家公司录用了。从小，小王就树立了远大的志向，希望自己能够成为一个女强人，有自己的公司，有自己的房子，有自己的车子。怎耐，志向虽远大，可从读书到现在，似乎事业上进行得并不太顺利。从小就十分好学的她，天资并不聪慧，凭着勤奋踏实，成绩才略有起色，初中、高中，甚至大学都只考了个"普通"。如今所上班的这家公司，在小王看来不过也

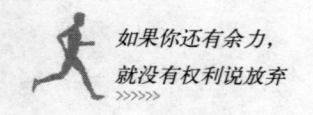

是普通。

内心失望的小王还是强忍了快要爆发情绪，希望这家公司能够改变自己命运，实现自己儿时的梦想。可是，现实的残酷还是紧接而来。在公司，小王只负责干一些杂活，诸如端茶递水、打打文件、收发传真，虽然，这样的工作比较清闲，可小王自己并不满足。她常常向同事抱怨："我为什么不能受到重用呢？"抱怨完之后，她就开始大谈自己的志向："我将来要开个公司，在海边买栋别墅，犒劳自己一辆车，那就是我梦寐以求的生活。"刚开始，同事还会安慰几句，小王抱怨久了，同事也觉得生气了，忍不住反问："你觉得自己该重用，可是，你有什么能力让上司来重用你？先看清楚了自己的能力，再说重用的事吧。而且，你说的那些志向，是志向吗？说美梦差不多。"就这样，小王在公司呆了好几年了，还是一名普普通通的职员，而那些所谓的志向如同空中楼阁。

约翰逊说："人的理想志向往往和他的能力成正比。"在现实生活中，如果问到志向，有人会漫无边际地说"我想开个公司""我将来想买辆车"，可在现实里却是一个入不敷出的普通上班族，每天幻想着不切实际的理想，其实，这根本不是志向，或者，恰当地说只能是美梦。因为，如果你没有能够正确地认知自己，分析自己，改变自己，你所立下的志向，不过是空中楼阁，永远没有办法实现。

其实，说到"立志"，每个人都能侃侃而谈，无非是我立下了什么样的志向，现在达到了怎样的目标。有的人一旦立下了远大的志向，就不改变，朝着这个方向不断地努力，哪怕用一生的时间来奋斗，他们也会坚持下来；有的人今天说"我先踏踏实实工作，存钱了做生意去"，明天说"大家都说公务员是铁饭碗，我也考试去"，后天说"大学同学有的读研究生，读了研究生读博士，我也自学考试去吧"，到了第四天，他还在思考自己到底立怎样的志向。说到底，他就是不知道自己的人生志向到底是什么，似乎什么都想去做，但什么都是口头之说，无法投入真正的实践之中。前者，贵在有恒，无论志向多么远大，多么难以实现，对他来说，有恒心就就成功的希望；后者，纯粹是拿"立志"当混日子的借口，他们一会想做这，一会想做那，最后，什么也没有做成。

俗话说："千里之行，始于足下。"远大的志向，更需要我们脚踏实地地追寻，如果总是好高骛远，不懂得自知，那么，是

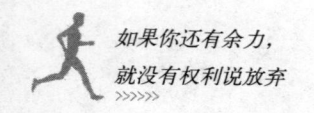

很难达成自己的人生目标的。从小事做起，修身养性，不要大谈虚妄之论。

伟人立长志，凡人常立志

我们常常说，人生是需要目标的。确实，大凡成功人士，都需要一个明确的目标，而且他们还会坚定不移地朝着目标奋斗拼搏，永不放弃。现实生活中，当然也有很多这样的人，他们经常读伟人传记，向伟人学习，树立远大的理想，并且的确在很短的一段时间内不遗余力地朝着目标奋斗。然而，不知道是目标太过伟大还是什么其他的原因，他们总是奋斗一段时间之后，就放弃了努力。他们重新归于安逸，重新规划人生，在经过一段时间的休养生息后，重新给自己定立新的目标。就这样，他们的人生不断地在重复这样的过程，日复一日，年复一年，他们也许做了很多琐碎的事情，也常常下定决心，但是最终却毫无成就，碌碌庸庸。这就是伟人和凡人的区别，伟人是立长志，凡人是常立志。

不管是一件多么卑微的工作，要想做出一定的成就，没有

第01章
心中有坚定的目标，人生才有努力的方向

个三五年的时间，是不会见效的。这些凡人的可悲之处在于，他们常常只给自己几个月时间，或者只给自己一年半载的时间，不见成效之后，他们马上就换一份工作，甚至换一个行业。试问，既然大家都知道天上不会掉馅饼，也知道自己不是富二代、官二代，没人会直接给我们高官厚禄，那么我们还有什么资本挑三拣四、朝三暮四呢？

苗苗是个非常聪明的姑娘，但是，她的心气太高了。大学毕业后，她和好朋友静静一起来到上海，想在这里找到属于自己的一片天地。在上海这个国际化大都市里，大学本科生、研究生都一抓一大把，别说像她们这样的师范专科毕业生了。因此，她们为了找工作吃足了苦头。眼看着从家里带来的钱全都花完了，苗苗一边哀叹着"心比天高，命比纸薄"，一边和静静一起去了一家大公司当文秘。静静还安慰苗苗："别难过，咱们刚刚毕业，没有任何工作经验，学历也不高，慢慢来吧，只要把工作做好了，一定会有晋升机会的。"

刚开始工作时，日子还好过一些。因为有很多办公室的文件她们都不会处理，每天都要和老员工学习，所以倒也充实。几个月过去，该学的都学会了，静静觉得自己工作起来得心应手多

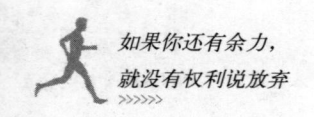

如果你还有余力，就没有权利说放弃

了，但是苗苗却开始不安分起来。她对静静说："我觉得自己这几个月进步很大，我准备跳槽了。现在，不管去哪个公司我都不害怕，你看，这些Word之类的报表，咱们都分分钟搞定了啊！"静静劝她："咱们现在刚刚适应工作，我觉得还应该抽空学学其他的东西呢。真是不工作不知道，一工作才知道自己在大学里学得太少了。"

尽管静静再三劝说，苗苗还是最终跳槽到另外一家小公司，但任助理。公司虽然小，但是职位比文秘有了提升，因此薪水也高了一些。就这样，在接下来的五年中，苗苗一直在不停地跳槽，最终当了经理助理。有一天，她闲来无事，突然想起了静静。因此，她拨通了静静的电话："嗨，静静，还记得我吧，我是苗苗。你还在当那个破文秘吗？我现在可是经理助理了呢！"不等静静说话，她就沾沾自喜地一通炫耀。不想，电话那头的静静波澜不惊地说："苗苗啊，我当然记得你了。我早就知道你当助理了呢，因为是我和张经理提议让你当助理的。""什么？你……你认识张经理？""也谈不上很熟悉，我是上次代表公司和他谈收购的时候，听他提起你的。""收购？"苗苗一下子想起一个月前张经理说的公司即将被收购的事情，不由得惊讶地问:"你就是张经理说的总经理?"静静依然很平静地说:"是的,目前上海分公司这边由我负责。其实我也是运气好,当了三年的文秘,之后刚刚升任人事部门的负责人,结果原来的总经理怀孕要生孩子了,觉得我对这边的人事以及公司运营都很熟悉,所以就推荐了我。"

和静静通完电话,苗苗肠子都悔青了。她原本还准备等公司被收购之后跳槽呢,现在必须要认真考虑考虑了。

人生能有几个五年呢?最宝贵的五年也就三两个吧。已经浪费了一个五年,如果再浪费一个五年,苗苗的职业生涯就很难再稳定下来了。同样的起点,同样的年纪,五年之后,苗苗和静静的职业发展简直不可同日而语。她们的区别在哪里?无非是一个立长志,一个常立志。

不管做什么事情,都要有长性。无论从事何种工作,这山望着那山高,永远是行不通的。我们也应该具备卧薪尝胆的精神,全身专注地做一件事情。等到我们把一件简单的小事做到极致的时候,我们距离成功也就不远了。

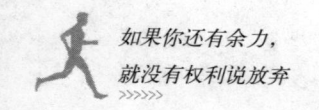

无论什么路，选择之后就别后悔

人生就像是一场旅程，我们在这场旅行中会走过艰难坎坷和崎岖泥泞，当然也会有开满鲜花的小径和一眼望不到头的通天大道。有的时候，我们还会遇到岔路口，这时我们就必须坚定不移地选择其中一条路，才能走出属于自己的人生之路。面对抉择，很多人都会感到犹豫不决，也总是患得患失，生怕自己选错了。其实，人生的选择没有对错，就像我们在旅行中选择走不同的道路一样，走大路有走大路的好处，走小路有走小路的好处，我们要做的就是选择之后不后悔，然后尽情欣赏沿途的风景。

记住，无论我们多么聪明睿智，也无论我们同时面临着多少选择，我们最终只能选择一条路走下去，这就是执着。人生的确是需要执着的，但是过于执着，却像是走上了一条不归的绝路，导致我们与幸福和快乐绝缘。生活中，人们总是有着无数的欲望，有些人希望自己有权利，有些人希望自己拥有金钱，有些人希望得到万众敬仰，却唯独忘了对于自己的生命而言，只有幸福快乐才是一生之中最难得的。

第01章
心中有坚定的目标，人生才有努力的方向

偏偏，大多数人都被欲望驱使着，想要得到的越来越多，内心的安宁和快乐也越来越少。所以，我们为这些身外之物执着之时，也就是我们人生烦恼增多的时候。因而聪明的朋友们，像现代的很多人所追求的那样，奔向极致简约的生活吧。你们将会发现，内心的快乐和物质与金钱的多少并没有必然的联系，有的时候我们越是欲求得少，就越是容易得到内心的宁静和快乐。记住，一个人拥有得再多，也只是睡一张床，也只是吃一日三餐。所以与其为了外界熙熙攘攘而忧愁，不如让自己的心淡然下来，减少欲求，从而从内心深处获得真正的宁静快乐。

很久以前，欧洲有位技师叫麦克。麦克能力超群，据说他无所不能，而且总是不停地创新。在当时，麦克的行为带给人们巨大的震撼，也使人们更加迷信麦克的一切。有一次，麦克事先计算好精确的数据，然后纵身一跃，从十米高台跳入水中，之后平安无事地回到地面。观众们沸腾了，因而麦克当即爬上二十米高台，决定再次挑战自我。对此，朋友们全都竭力阻拦，但是麦克却被虚荣冲昏了头脑。幸运的是，他成功了，他从二十米高台跳下，并没有受伤。观众们更加疯狂地呼唤着麦克的名字，麦克由此名声大振，世人皆知。

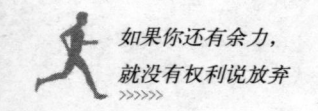

几年之后，麦克对于自己的跳水表演越来越厌倦，他想要突破自我，却找不到出路。直到有一天，他的眼前飞过一只小鸟，他突发奇想，决定为自己制造一双翅膀，这样就可以挑战更高的高度。他当即开始工作，最终为自己造出了一对翅膀。当人们得知他要从欧洲的第一高塔上跳下来时，不由得热血沸腾。整个城市万人空巷，每个人都想亲眼目睹麦克的这一壮举。就连皇帝，也从皇宫里出来，来到现场。好友和妻子全都阻拦麦克，然而麦克一意孤行，当他真的站在高塔上时，他的确有些犹豫不决。偏偏此时，高塔下拥挤的人群发出狂欢声，人们不约而同声嘶力竭地喊着麦克的名字。麦克一激动，感到心潮澎湃，居然摘掉翅膀跳下高塔。可想而知，他年轻鲜活的生命随着这一跳，戛然而止。

放在当今这个时代，麦克一定是一个喜欢极限运动、追求刺激的人。这原本无可厚非，但是为了得到人们的崇拜，而盲目挑战，最终牺牲自己的生命，这就是得不偿失的。现实生活中，有很多人喜欢享受这种被人崇拜的感觉，似乎他们活着的唯一目的和意义，就是受到万众瞩目。然而，生命的机会只有一次，生命对于每个人而言都是弥足珍贵的。我们只有不再盲目地固执，爱惜生命，才能圆满走完自己的一生。尤其是对于人生之中很多虚妄的东西，无需过于看重。我们必须让手脚挣脱这些虚妄的束缚，才能清醒理智，迎来生命中最美好的明天。

任何时候都不要放弃志向和希望

自古至今，大凡成功者，无不具备一项品质，那就是不被打倒的意志力。他们总是满怀希望，因此，即使跌倒了，他们还是会爬起来，跌倒一百次，他们会爬起来一百次，终有一天，他们会取得胜利的果实。的确，每件伟大的事物在开始时只不过是一个想法。"不可能"背后隐藏的巨大成功，只有那些充满激情、意志坚定的人才能找到。失误、失败并不可怕，关键在于如何从失败中奋起，反败为胜。只要你坚持下去，不可能也会变为可能。

所以，我们每个人都应该记住，任何时候都不要放弃志向和希望，哪怕处于人生的绝境中，只要你抱有希望，就能绝处逢生。

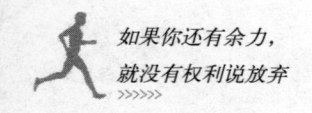

如果你还有余力，就没有权利说放弃

世界上没有任何事情是不可能的，如果你有成就事业的强烈愿望，你就已经成功了一半，剩下的就是用你的心去实现它了。

任何时候都不要放弃梦想，要说成功有什么秘诀的话，那就是坚持，坚持，再坚持！在许多时候，成功者与平庸者的区别，不在于才能的高低，而在于勇气大小。有足够勇气的人可以过关斩将，勇往直前；平庸者则只能畏首畏尾，知难而退。爱默生说："除自己以外，没有人能哄骗你离开最后的成功。"柯瑞斯也说过："命运只帮助勇敢的人。"

当然，要想成功，还需要你做好计划，并对其加以实施。拿破仑曾经说过："想得好是聪明，计划得好更聪明，做得好是最聪明又最好！"任何伟大的目标、伟大的计划，最终必然落实到行动上，成功开始于明确的目标，成功开始于心态，但这只相当于给你的赛车加满了油。弄清了前进的方向和路线，要抵达目的地，还得把车开动起来，并保持足够的动力。

不管你决定做什么，不管你为自己的人生设定了多少目标，决定你是否能成功的永远是你自己的行动。只有行动才能赋予生命力量，只有你的行动，才能决定你的价值。

第02章 理想有多远大，信念就要有多坚强

曾经有位名人说，每个人客观的条件其实相差无几，而每个人的人生之所以相差迥异，就是因为每个人的心态不同。你会发现，那些成功者大多数都是拥有必胜信念的人，而且他们不管面对怎样的艰难困境，都能做到坚持不懈，决不放弃。其实，就算是天才，如果没有必胜的信念，如果不能在信念的支撑下坚持不懈地努力，也是无法成功的。因此，我们每个人都要记住，无论你的理想有多远大，唯有在信念的支撑下，你才能在人生路上不断前行，也才能顺应潮流和形势，时刻保持努力奋进的姿态。

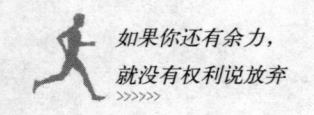

唯有行动，才能让你释放潜能、发光发热

一只鸟的翅膀再大，如果不努力振动，又怎能展翅高飞呢？一个人的才能再高，如果不努力拼搏，又怎能走向成功呢？一个国家的物产再丰富，如果不努力发展，又怎能屹立于世界民族之林呢？这一切都说明：再伟大的目标也要建立在行动的基础上。其实，对于梦想的实现也是如此，每个人的内心深处都埋藏着黄金，但唯有行动，才能让我们释放潜能、让我们发光发热。

生活中，人们都想成功，但却很少有人愿意为成功付出努力。而那些成功者之所以会成功，是因为他们即使害怕也会行动，而大多数人正是因害怕而不去实践。约翰·沃纳梅克——美国出类拔萃的商业家这样说过："没有什么东西你是想得到就能得到的。"成功的人与那些蹉跎人生的人的最大区别，就是——行动！如果你能追溯那些成功人士的奋斗之路，你就会感叹："难怪他会做得这么好！"怎么样的行动能获得最大的成功呢？

第02章
理想有多远大，信念就要有多坚强

是马上行动！只要你敢于迈出别人不敢迈的那一步，你就能比别人快"半拍"，就能成为第一个吃螃蟹的人。

因此，我们每个人要想成功，就应该做到敢为人先，就要认识到行动的重要性。现代乃至未来社会，执行力就是竞争力。成败的关键在于执行。

人生目标确定容易实现难，但如果不去行动。那么连实现的可能性也不会有。没有行动的人只是在做白日梦，所以心动不如行动，勇于迈出行动的第一步，你成功的机会就会增多，而光想不做，那你将永远没有实现计划的可能。

我们的周围，有很多人都对未来做出了各种各样的构想，但真正执行的人，却少之又少。每每考虑到会有失败的可能，他们就退缩了。因为他们怕被扣上愚昧的帽子，被别人取笑；他们不敢爱，因为害怕不被爱的风险；他们不敢尝试，因为要冒着失败的风险；他们不敢希望什么，因为他们怕失望……这种可能会遇到的风险，让他们畏首畏尾，举步维艰，他们茫然四顾，不知道自己的出路在何方，殊不知，如果你连第一步都不敢走的话，你永远不可能看到成功路上的风景。

杰克·韦尔奇曾如此说道：如果你有一个梦想，或者决定做

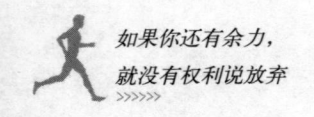

一件事，那么，就立刻行动起来；如果你只想不做，是不会有所收获的，而你也只会落得失望的结果。

人间的事情没有一件绝对完美或接近完美，如果要等所有条件都具备以后才去做，只能永远等待下去了。如果一个人一直在想而不去做的话，根本成不了任何事。

总之，你需要记住，千里之行，始于足下；不积跬步，无以至千里；不积小流，无以成江海。凡事要想做大，都得从小处做起，从眼前最基本的事物做起。如果一个人心里有远大的理想，却不愿意一步一步去努力，那他永远也不会有美梦成真的那一天。

只有不满足，才会渴求下一次更大的成功

在这个世界上，有两种人很可能一生一事无成：一种是自甘堕落、无所追求的人；一种是那些轻易就觉得满足，从此不思进取的人。对于大多数受过高等教育的年轻人而言，理想教育在他们心底早已根深蒂固，教育专家们所担心的不再是个人的盲目无知，而是要考虑怎么帮助他们树立可行的、实际的目标和理想。

因此，我们说，这一代的年轻人，如果了此一生时仍无所作为，那他多半属于容易满足的人。

认识自己、把握自己，从而不断地"修筑"自己，你的事业才能尽快扬帆启航。在远行的途中，任何光彩夺目的成就只是迈向事业成功的一小步。只有不满足于现在的成就，才能认识到自己在成功的道路上只走了一小步；只有不满足，才会懂得不断地提高和完善自己；只有不满足，才会渴求下一次更大的成功。

经过在香港的几年闯荡，李嘉诚晋升为总经理。不过他并不满足，他希望能干一番大事业，所以毅然辞去了总经理的职位。

当时他先去了一家塑料制造公司，那是一家偏离香港闹市区西环的一间小小的山寨加工厂。不过李嘉诚却瞅准了这个行业的未来前景，他选择了这家塑料生产工厂，希望能积累自己的知识和经验。

在当时，塑料工业在欧美发达国家兴起，而香港作为世界贸易港，塑料制品有望在此开辟市场，而李嘉诚恰恰看准了这个潜力无限的市场。通过数月的学习，他掌握了很多关于塑料产品的信息，然而，他再一次辞职，拿着多年的积蓄建立了属于自己的工厂，即长江公司。

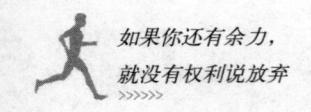

如果你还有余力，就没有权利说放弃

在李嘉诚的苦心经营下，长江公司业绩直线上升，成为香港塑胶业的龙头企业。不过，他并不满足，希望能获得更长足的发展。这时他看准了欧美市场，不愿意只在香港市场发展。当他看到塑料花有巨大市场潜力的时候，马上投资进行生产，由于出手比同行较快，他再一次大获全胜，成为名副其实的塑料大王。

对于那些永不满足，希望人生能不断实现突破的人来说，人生最精彩的部分永远在下一次，在未来。永远对未来充满憧憬，才能以更好的心态去面对、去希望，然后用这种满怀希望的心态做事，从而取得更大的成就。

在艺术界，毕加索的的大名无人不知。这位西班牙著名的画家，活了91岁。而在90岁高龄时，当他拿起画笔开始创作一幅新画的时候，对眼前的事物仍然好像是第一次看到的一样。年轻人总喜欢探索新鲜事物，探索解决新问题的方法，他们朝气蓬勃，热衷于试验，从不安于现状；老年人总是怕变化，他们知道自己什么最拿手，宁愿把过去的成功之道如法炮制，也不愿冒失败的风险。可毕加索不是普通人，当他90岁时，仍然像年轻人一样生活着，不安于现状，寻求新思路和新的表现手法，所以他成了20世纪最负盛名的画家之一。

第02章
理想有多远大，信念就要有多坚强

毕加索生前体验了从穷困潦倒到荣华富贵的转变，其艺术作品也经历了无人问津和被人高度赞赏两种境遇。这正是他永远把现在的成就看做是成功的一小步，满怀希望地憧憬着下一次的成功，永不满足、不懈追求的结果。

"球王"贝利在足坛上初露锋芒时，有个记者曾问他："你觉得，自己哪个球踢得最好？"他回答说："下一个！"当贝利在世界足坛上大红大紫、踢进1000个球之后，记者又问他同样的问题，而他仍然回答："下一个！"在事业上有所建树的人都同贝利一样，有着永不满足、不断进取的精神。

世界顶尖潜能成功学大师安东尼·罗宾在心灵革命的课程中，为了证明人类的巨大潜能，曾做过下面的实验：他要求所有的学员都必须面对火红炽热的木炭所铺成的"火路"，然后大胆地赤足走过。对于那些没有这种经验的人来说，那是极为骇人的，有的人哭叫，有的人腿软了，更有的人浑身发抖，甚至有人苦苦哀求免去这种"考验"，不过最终所有的学员还是得走过这条路，因为没有经历过这场考验的人，就无法在随后的课程中有所收获。

对此，安东尼·罗宾说："我们当中很少有人有过这样的经

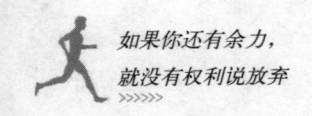

验,但是有不少人看见过他人赤足走过火路的场面,特别是在寺庙的拜火祭典中。当我们看见别人平安走过火堆之后,总以为是神明在庇护那些人,或是有人预先在火堆中做了手脚,殊不知只要在妥善安排的情况下,人人都能平安走过。"

其实,所有的限制来自于内心。由于大多数人不了解人体的神奇机能,以无知来接触那些自己视为可怕的遭遇,便容易陷入畏缩不前的状态中。原先认为做不到的事情,其实也许轻易就能实现,而且毫发无损。原来,任何限制都来自于内心。

所有的成功都是从不满足开始的,当一个人满足于现状的时候,那表示其对未来生活、人生追求已经停止了脚步。只有不满足才会想着去超越、改变,一个不安于现状,具有强烈进取精神的人,是不会被社会所淘汰,被人所遗忘的。假如小有成就就满足,那他们永远没办法攀登事业的高峰,永远也无法取得骄人的成绩,只有时刻保持不满足的心态,才可能受益更多。

优秀的人永远把现在的成就看做是一个新的起点,现在的成功只是万里长征中的第一步;而普通人取得一点成就,就洋洋得意,满足于现状。所以,优秀者一步一步从优秀走向卓越,而普通人固步自封,往往坐吃山空。

自信能唤起你心中沉睡的巨人

从心理学角度说，信心可以决定一个人的成与败。也许，有人会感到不解，怎么样才能获得信心呢？成功的回忆中可以帮助我们建立成功的自我想象，使自己获得自信。当你对自己的能力表示怀疑，为自卑感所困扰的时候，不妨从过去的成功经历中吸取养分，来滋润自己的信心。不要沉溺于对失败经历的回忆，要将失败的意象从自己脑海中赶出去。生活中，许多人缺乏自信，有诸多原因，可能是，在失败的经历中磨灭了自信，可能是内心存在的自卑感干扰了自信，等等。然而，我们应该记住这样一句话：如果自己轻视自己，别人就会轻视你。

自信、执着，会让你拥有一张人生之旅的永远坐票。那些不愿意主动寻找座位，最终只能在上车时的落脚之处一直站到下车的人，其实就是在生活中安于现状、不思进取、害怕失败的人，最终，他们只会永远滞留在没有成功的起点。自信是获得成功不可缺少的前提，信心会引导我们走向成功。有信心的人，遇事不畏缩，不恐惧，即使内心隐隐不安，但他们也能勇敢地超越自我；有信心的人，浑身上下充满了活力，能解决任何问题，凡事

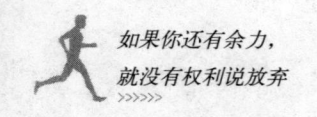

全力以赴，最终会成为最伟大的胜利者。我们应如何培养自己的自信心呢？

1.培养自己的兴趣爱好

自信的人，身上会散发出一些自信的光芒。毕竟信心并非嘴上说有就有，而是需要从生活中一些小事情去发掘自己的特长，让自己在某一方面出色，从而觉得更满足。

2.做正确的事情

特长是自己能力的一方面，但并非每个特长都可以养活自己。所以，每个人都应该有自己的目标，首先先问问自己想过什么样的生活，可以从自己的经历、生活中的感悟中寻找。

成功者都具备一个共同特征，那就是对自己有信心，每一次的成功都会使他们很快地树立自信心，成功机会越多，他们的自信心就越强。成功的第一秘诀就是自信，如果自己都不相信自己，那么别人更不可能相信你。

培养勇气，告别唯唯诺诺

任何时候，年轻人都应该自信而勇敢地追求自己的人生，绝不应该以唯唯诺诺的行为来敷衍了事。唯唯诺诺是指一个人很没有主见，心中没有主意，总是一味地顺从，恭顺听话，对一些既成的事实深信不疑，缺乏一定的怀疑精神。在他们身上时常显露出这样的特点：嘴里好像从来不说"不"，总是"好""是的"；面对他人的提问，只点头不摇头。也许，有人会问：难道他们就没有自己的想法和立场吗？当然不是，他们之所以唯唯诺诺，是因为其内心不自信，缺乏表露想法的勇气。

老张是公司的老员工，辛辛苦苦工作几年了，职位却一直没有变。在平时的工作中，他认真负责，与身边的同事相处得也比较和睦，对上司更是敬重有加，不过，进入公司快十年了，许多比他晚进公司的同事都得到了晋升，只有他还在原地踏步。同事戏谑地问他："对你的工作挺满意吧？"他总是乐呵呵地回答："是的。"在与同事相处中，遇到不同的意见，老张对这位说："是，你说得对。"回过头，他对那位也说："对，你说得没错。"这样没有立场的说话态度，让同事感到很扫兴。

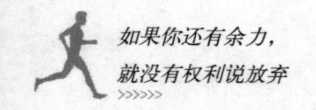

实际上，老张并没有发现自己没有得到重用的原因就在于自己唯唯诺诺的性格，不管是与上司打交道，还是和办公室的同事相处，他从来都是一副唯唯诺诺的样子。这点从他说话可以看得出来，比如，他总是说"是是是""好好好"，从来不会说反对的意见。刚开始同事接触到他，以为他这样的性格是由于陌生的关系，不想得罪人。时间长了，与同事都熟络了起来，他还是这样的性格特点，同事就觉得很讨厌了，而且，总觉得他这个人比较"虚伪"，不愿意与之交往。上司觉得老张没有自己的想法，只会一味地顺从，这样的人对公司将不会有很大的帮助，于是就一直没有重用他。

在公司，没有谁与老张能够谈得来，因为大家觉得他这种模糊的表达方式和唯唯诺诺的个性让自己非常不舒服。所以，最后老张既没有得到领导的赏识，也没有获得同事的好感。

恭顺在一开始可能比较讨上司的喜欢，但是，一味地服从只会让上司感到厌烦。在更多的时候，上司希望下属能够有自己独当一面的见解，这样才能看清楚一个人的价值。如果在任何时候都显得唯唯诺诺，不敢表露自己的真实想法的人，诸如老张这样的下属将不会得到重用。对于那些唯唯诺诺的人而言，他们身上还会显露一个异常的特点：做事犹豫不决，缺乏勇气。

在做一件事情的时候，他们无法相信自己的判断，以至于最后没有勇气去做这件事情。福特汽车总裁菲利普说："假如缺乏冒险精神，今天就没有了电源、镭射光束、飞机、人造卫星，也没有盘尼西林和汽车，成千上万的成果将不可能存在。如果生活在一个没有冒险的世界里，我们必将面临重重危机。"所以，放下自己的唯唯诺诺，塑造充满勇气的智慧人生吧。

比尔·盖茨说："所谓机会，就是去尝试新的、没做过的事。可惜在微软神话下，许多人要做的，仅仅是去重复微软的一切。这些不敢创新、不敢冒险的人，要不了多久就会丧失竞争力，又哪来成功的机会呢？"微软只会青睐那些敢于冒险、相信自己判断的人，而这是唯唯诺诺者身上最缺乏的精神。当不自信变成一种习惯的时候，那么唯唯诺诺的个性就已经诞生了，因此，克服自己唯唯诺诺的缺点，就必须学会相信自己，不仅如此，我们还应该勇于挑战自我，这样我们才能塑造充满勇气的自信人生！

如果你还有余力，就没有权利说放弃

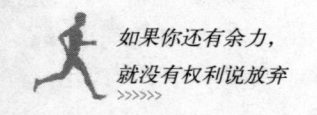

对于成功而言，恒心就是力量

有人问著名的组织学家聂弗梅瓦基为什么一生都花在对蠕虫构造的研究上，聂弗梅瓦基回答说："你可知道，蠕虫这么长，而人生却这么短。"的确，一个人的生命是有限的，而科学研究是无止境的。简而言之，如果你想获得任何一项事业的成功，就必须持之以恒，甚至付出毕生心血，对于成功而言，恒心就是力量。

在人类历史的长河中，多少卓有成就的人都是这样成功的。宋代司马光编写的《资治通鉴》，历时19年才截稿，那时他已经老眼昏花，不久就去世了；明代李时珍为撰写《本草纲目》，几乎跑遍了名川大山，收集了无数资料，耗费了整整27年的时间，才铸就了这部名著；谈迁花了20多年的时间才完成了《国榷》，不料完成之后书稿被小偷盗走了，无奈之下，他又开始重新撰写，用了8年的时间才完成。这些例子都足以说明，无论做什么事情，只有持之以恒、呕心沥血、竭尽毕生，才能达到成功的巅峰，若只有三分钟热情，那最终你只能一事无成。

现代社会，不少年轻人在刚开始工作时满腔热血，但时间久了就慢慢地懈怠了，最终一事无成。其实，工作不是仅仅依靠热情就能做好的，它更需要在保温中加温，坚持，坚持，再坚持，而不是三分钟热度，只有做到了这样，你才是真正的职业人。

我们都听过龟兔赛跑的故事，在生活中，也经常会出现"龟兔赛跑"的例子，有的人成了爱睡觉、对事情三分钟热度的兔子，他们总是情绪不稳，一会儿想要夺冠，一会儿想要偷懒，结果造成了三分钟热度的现象；而有的人则成为了慢腾腾的"乌龟"，虽然跑得比较慢，但他们情绪和心态都比较稳定，抓住了一个目标就认真地去完成，这样反而适应了社会的规律，最终夺冠。那些做事只有三分钟热度的人，似乎还没有进入真正的角色，甚至对做事很不耐烦，他们的三分钟热度就好像是一种预警，预示着他们会放弃，或者被社会淘汰，在更多的情况下，他们往往会在东奔西跑中一事无成。

生活中，那些"三分钟热情"的先生和小姐，尽管接触了不同的工作，涉足了不同的行业，但最终不会做成任何一件事情，他们只是在猎奇的过程中获得了满足，最终，还是一事无成。相反，那些只做了一件事情，并坚持到底的人，他们在某个行业或某个领域达到了一定的高度，他们才是真正的成功者。

在生活中，做事不能只有"三分钟热情"，而是需要在保温

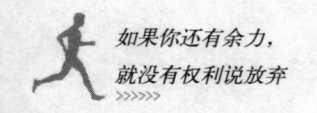

中加温，需要持之以恒，这样才能有所为有所不为。

听从心中梦想的召唤，坚持不懈地走下去

美国著名作家杜鲁门·卡波特说："梦是心灵的思想，是我们的秘密真情。"梦想对于每个人来说，都有一种巨大的魔力，能够不断地召唤着我们前进，寻找着心中的远方。无论自己的梦想是多么遥远，多么地不可思议，我们都要听从心中梦想的召唤，紧紧跟随着它，坚持不懈地走下去，直至梦想变成现实。

"永不放弃"是梦想成真的信念，只有不懈地坚持自己的梦想，才能成就辉煌。有人认为，梦想是一种虚无缥缈的东西，并没有什么作用。其实，这种想法是错误的，梦想能够使人产生一种力量、一种信念，更重要的是，梦想能够成为现实。

马云最初梦想着创建阿里巴巴的时候，有人甚至讽刺他："你要是能创建阿里巴巴，轮船都能开到喜马拉雅山上去。"然而，马云并没有放弃自己的梦想，他凭着不懈的精神，不但成功地创建了阿里巴巴，而且使阿里巴巴中国的互联网巨头，最终到

达了自己心中的远方。

也许，我们内心也有着这样或那样的梦想，然而，在追逐梦想的过程中，挫折与困难无所不在，便很容易就会放弃，最终与梦想失之交臂。其实，梦想是年轻人生命中最珍贵的一部分，永不放弃自己的梦想，用心飞到梦想之地，让生命绽放别样的光芒。

黎巴嫩著名诗人纪伯伦曾说："我宁可做人类中有梦想和完成梦想愿望的、最渺小的人，也不愿做一个最伟大的无梦想、无愿望的人。"人类最可贵的本能就是对未来充满梦想，我们不仅要种下梦想的种子，而且应该让梦想的种子长成参天大树。

中国探险家余纯顺在前往罗布泊前曾说："我也许真的会失败，但我不能放弃这个梦想，就算失败，我也要当失败的英雄。"所以，不要放弃自己的梦想，用心灌溉，寻找心的远方，总有一天，梦想会变成现实。

梦想是未来的目标，是不懈奋斗的动力。在这个世界上，身在何处并不重要，重要的是我们应该朝着什么样的方向前进，一旦放弃了梦想，就意味着放弃了前进的方向。所以，怀揣着梦想前进吧，用心飞到自己的梦想之地！

第03章 困难，永远会给勇者让路

在追求梦想的人生道路上，我们常常会遭受困难，面对苦难，人们对此有着不同的理解。有人说困难是人生道路上的绊脚石，有人却说是垫脚石，自古以来许多卓有成就的人，大多是抱着不屈不饶的精神，从逆境中奋斗挣扎过来的。事实上，困难，永远都会给勇者让路，的确，我们做任何事，都必须经过枯燥与痛苦之后，才能收获成功的果实。

如果你还有余力，
就没有权利说放弃

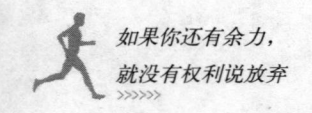

不逃避问题，不畏惧困难

我们一直感叹于北大人的成功，但我们不难发现的是，成功的北大人身上都有一个共同点：从来不逃避问题，不畏惧困难，不屈服于恐惧。的确，无畏是灵魂的一种杰出力量，正是靠这种力量，成功者在遇到困境才能以一种平静的心态把持自己，从而控制自己的怯弱，最终战胜困难，走出困境。

成功与胆量有着莫大的关系，有胆量的人才有资格拥有成功。那些在取得了一点成就后就安于现状、求稳的人，最终，只能陷于平庸。有胆量，敢于破釜沉舟的人，才会置之死地而后生，实现新的突破。

在北大学子的眼中，他们的名誉校董比尔．盖茨就是有勇气的最佳榜样。

在比尔·盖茨看来，成功的首要因素就是冒险。在任何事业中，把所有的风险都消除掉的话，自然也就把所有成功的机会都消除掉了。他自己的一生当中，最持续一贯的特性就是强烈的冒险天性。他甚至认为，如果一个机会没有伴随着风险，这种机会通常就不值得花心力去尝试。他坚定不移地认为，有冒险才有机会，正是风险使得事业更加充满跌宕起伏的趣味。

我们发现，有很多人，他们刚开始时都满怀理想，但在社会上打拼几年后，越发感到衣食住行等实际需要的重要性，于是，在获得了一份稳定的饭碗之后，他们往往就会在时间的消耗下失去进取的锐气，无奈地满足眼前的一切。

哲人说，自己是自己最大的敌人，人有时最难突破的，就是自身的局限性。这就是为什么我们会发现那些处于困境中的人最终会比那些已经实现温饱的人更有作为。想迈开脚步大干一场，又不舍得抛开自己现有的温饱的保障，如此瞻前顾后，必定无所作为。

据社会学专家预测，未来的社会将会是一个复杂的、充满不确定性的高风险社会，如果人类自由行动的能力总在不断增强的话，那么不确定性也会不断增大。生活中的青少年朋友们，你应该意识到，各种变化已经在我们身边悄然出现，勇敢投身于其中的人也越来越多了，而如果你不积极行动起来、缺

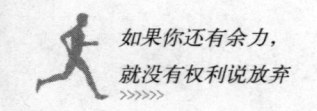

乏竞争意识、忧患意识，安于现状、不思进取，还没被惊醒的话，那你就会被时代所抛弃，被那些敢于冒险的人远远甩在后面。敢当第一、充满冒险精神，是每个成功的哈佛人给我们的启示。

看那些成功者的历史，我们不难发现，他们即使到了山穷水尽的地步也没有失去勇气，他们会选择背水一战，尽管他们也知道前面的路十分艰险，但他们更知道，不冒险就做不到破釜沉舟，没有这一步，人生就是一潭死水，淹没的是一个人的挑战性和创造性。

很多人也深知机遇和风险并存的道理，只是他们一直想寻找一个进可攻退可守的山头。事实上，抱着撤退目的打仗的人，在气势上已先输了一半，最终也难逃随波逐流、混一口粗茶淡饭的结局。

生活中，很多人渴望得到成功，渴望开创自己的事业，但每每考虑到会有失败的可能，他们就退缩了。因为他们怕被扣上愚昧的帽子，怕被别人取笑；他们不敢否认，因为害怕自己的判断失误；他们不敢向别人伸出援手，因为害怕一旦出了事情而被牵连；他们不敢暴露自己的感情，因为害怕自己被别人看穿；他们不敢爱，因为害怕要冒不被爱的风险；他们不敢尝试，因为要冒着失败的风险；他们不敢希望什么，因为他们怕失望……这种可能会遇到的风险，让那些不自信的人们畏首畏尾，举步维艰，他们茫然四顾，不知道自己的出路在何方，殊不知，人生中最大的冒险就是不冒险，畏首畏尾只会让自己的人生不断倒退。

在这个时代，墨守成规、缺乏勇气的人，迟早会被时代所抛弃。处处求稳，时时都给自己留有退路，这是一种看似稳妥却充满潜在危机的生存方式。生活中的人们，你也需要像盖茨一样，勇敢地冒险，勇于尝试，这样，你就有了做成功者的机会。胆量是使人从优秀到卓越最关键的一步。

偏离原来的方向时，勇敢迈出新的一步

生活不会一帆风顺的道理人尽皆知，无论顺境还是逆境，都要从容面对；无论获得还是失去，都要平静接受，这才是聪明人的活法。路就在脚下，不管过去多么暗淡，不管未来多么辉煌，一切的过去都以现在为归宿，一切的未来都以现在为起点！此时

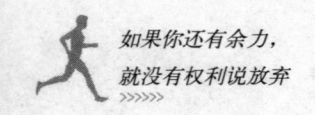

如果你还有余力，就没有权利说放弃

你已经在路上，你是还一味执著地坚持，还是学会了适当地选择合理的通向成功的路径呢？

一谈到励志，理想总会被放在第一位。人有目标是好事，它可以使我们在行进之中不至于茫然失措、三心二意。理想的意义是无限的，但人不能光靠理想过日子。对年轻人来说，目标是远大，还是现实，是执著前进，还是另辟蹊径，在他们感到理想走入瓶颈的时候，这些问题总会困扰着他们，以致其手足无措，任由问题发展。

李松从小热爱画画，大学毕业后，他继续出国留学深造。可是，由于生活的拮据，他不得不在读书之余，花费大量的时间打工赚取生活费。

后来，有人介绍了一份工作给他，就是帮宾馆修剪草坪。这个工作和画画毫无关联，不仅需要好体力，剪草坪的剪子还会把手磨得粗糙不堪。

起初他很不情愿，因为他的梦想是当一名油画家而不是草坪工人。但现实是不能由自己的意愿决定的，他只好一次次地去到宾馆外面，对着草坪和灌木，不断地重复单调的工作。

在国外的三年时间里，他就这样一直靠帮各个宾馆修剪草坪谋生。渐渐地，他发现，修剪草坪也并非总那么枯燥。比如说，有一天，他不小心铲坏了一块草皮，他想了想，就把这块草坪修成了一幅画的样子，竟得到了人们的极力赞赏，他的薪酬也因此增加了一倍。慢慢地他开始喜欢修草坪这个工作了。后来，因为请他修剪草坪的宾馆太多，他不得不雇用了另外一些人，再后来，他有了自己的小商店。三年以后，他成立了自己的公司，这是一家专门帮人设计修剪草坪画的公司。

李松最初的执著追求让人敬佩，但如果当年他不去做其他工作，也许过不了多久就会坐吃山空，所学功课也会半途而废。可是，成功偏了那么一点点，他没有按照原来的人生规划前进，但是你能说他失败了吗？他所选择走的另外一条路却成功了。

不知道该如何选择时，跟没有权利进行选择拥有着同样可悲的意味。人生是一条漫长的旅途，有平坦的大道，也有崎岖的小路；有灿烂的鲜花，也有密布的荆棘。在这个旅途上，每个人都有着自己或大或小的目标，如果你已经出发，那目标就是未来的人生方向，在一路奔波的旅途中，你是否怀疑自己偏离了原来的方向，是否依然在正确的轨迹上呢？

丘比克是高原上经营果园的果农，每年他都把成箱的苹果以

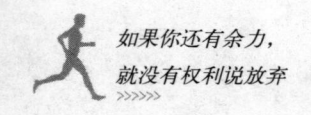

邮递的方式零售给顾客。

一年冬天，高原上下了一场罕见的大冰雹，一个个色泽鲜艳的大苹果被打得疤痕累累，卡里比心疼极了。"是冒着被退货的危险寄货呢，还是干脆退还订金？"他越想越懊恼，并且歇斯底里地抓起受伤的苹果拼命地咬。忽然，他发觉今年的苹果比往年的苹果更甜更脆，汁多味美，但外表的确非常难看。"唉，多矛盾！好吃却不好看！"他辗转反侧，夜不能寐。

一天，他忽然产生了一个创意。第二天，他根据构想的方法，把苹果装好箱，并在每个箱里附了一张纸条，上面写着"这次寄奉的苹果，表皮上虽然有点受伤，但请不要戒意，那是冰雹的伤痕，这是真正在高原上生产的证据呢！在高原，气温往往较低，因此苹果的肉质较平时结实，而且产生一种风味独特的果糖。"在好奇心的驱使下，顾客们都迫不及待地想拿起苹果，尝尝味道。"嗯，好极了！高原苹果的味道原来是这样！"顾客们交口称赞。

陷入绝望的丘比克所想出来的创意，不但化解了他面临的重大危机，而且还收到了大量专门订购这种受伤苹果的订单。

我们每个人，都会像丘比克一样不时地遇到意外的侵袭，遭受挫折的洗礼。当你梦想的完美计划，突然被干扰，无法继续实施下去时，你能够拥有丘比克的机智和聪慧吗？生活的挫折使你人生的航向发生转变，但你要记住，这是一次新的机遇，就连上帝也不能就此宣判你已经走向失败。

生活从不同情弱者，即使生活有一千个理由让你哭泣，你也要拿出一万个理由笑对人生，"不管风吹雨打，胜似闲庭信步"。只有这样才能保持一个平衡的心态，才能凭着自己破釜沉舟的斗志风雨兼程，勇往直前，从而开拓自己新的思路，寻找到新的出路。作为年轻人，未来拥有无限的生机，在勇敢地迈出一步步的时候，要记住，偏离原来的方向并不等于失败。

只有勇者才能摘取成功的鲜花

诸葛亮认为，身为将帅有八种弊病，其中第七就是为人虚伪奸诈而又胆怯懦弱。天下皆怯而独勇，则勇者胜。人生是一叶小舟，勇气是引航的灯塔和推进的风帆，没有勇气的人生就像是失去了方向和动力的小舟，只能在生活的波浪中随处漂泊，还有可

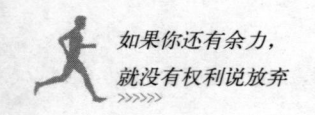

能沉没在激流之中。在人生的旅途中，我们需要一份勇气，即使你有能力、有才华，但若是缺少了勇气，那些潜在的能力就会成为镜花水月，而只有勇者才能够摘取成功的鲜花。

心理学家通过研究发现：人们在没有经历一些事情的时候，总是会首先对自己形成一种心理暗示，比如将一块宽30厘米、长10米的木板放在地上，人们通常都能够轻易地从上面走上去，但如果把这块木板放在高空中，许多人就会因此恐惧而不敢迈步。这时人们往往会形成一种自我暗示：我会掉下去。在这样的暗示作用下，他们会感到恐惧，害怕自己真的会掉下去，虽然事实并没有发生，但是，他们内心还是会隐隐不安。歌德曾说："你失去了财产，你只是失去了一点；你失去了荣誉，你失去了许多；你失去了勇气，你就把一切都失掉了！"假如两个人在势均力敌的情况下，那么，有勇气的那一位将成为最后的赢家。勇气，在很多时候能够帮助我们踏上成功之旅，它可以帮助我们找回自信。

成功大师拿破仑·希尔曾说："一个人一生中唯一的限制就是他内心的那个限制。"那么，如何突破内心的那个限制呢？勇气，当然是勇气，只有勇气才能战胜自我，当你鼓起勇气向前，

第03章
困难，永远会给勇者让路

你就会发现许多门都是虚掩着的。许多时候，生活中的困难和阻力被我们放大了，它们就像绊脚石一样横在了通往成功的路上。这时，假如有与我们势均力敌的对手出现，那么，谁有勇气谁就能获得最后的成功。其实，许多门都是虚掩着的，只要伸手就能推开，等我们鼓起勇气战胜自我，突破内心的限制之后，我们就能够达到人生的最高点。

英国作家莎士比亚说："真正勇敢的人，能够智慧地忍受最难堪的屈辱，不为身外的荣辱介怀，用息事宁人的态度避免无谓的横祸。"面对充满压力和困难的生活，没有勇气是不行的。当暴风雨来临，勇敢的水手总是满怀着生存的希望，不断激励自己，不管风浪多么可怕，他们总是能够坚持下去，最终平安归来；而那些胆小的水手，早在暴风雨来临之前，就失去了生存的勇气，最终只会以失败告终。

我们需要勇气，生活需要勇气，勇气是光明的使者，它能将人从黑暗的泥沼中拉出，帮助我们战胜困难，赢得最后的胜利。

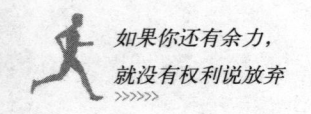

如果你还有余力，
就没有权利说放弃

知难而进，才能走出困境

没有任何人的人生会是一帆风顺的，当遭遇困境时，我们唯有勇敢地向前奔跑，才能成功突破人生的藩篱，让自己奔跑在更为广阔的天地。遗憾的是，总有些人过于怯懦，他们不管遇到多么小的困难，都会为此裹足不前。难道战胜困难真的那么难吗？其实，禁锢你的是你的心，而不是那个不值一提的困难。

内心软弱的人很难获得成功，只有坚强，才能让人们不管身处困境还是逆境，都不忘初心地勇往直前。坚强，不仅仅是一种源自内心的坚持，更是一种柔韧的品质。坚强的人，总能够战胜心底的恐惧，不管面对多么大的困难，都坚持不放弃。生命中的很多机遇，都会伴随着危机和困难。因此，如果你面对困难知难而退，你也就放弃了成功的机会。这就像是小马过河，在不知道河水多深的情况下，只能靠着自己摸索。人生，也是如此。每个人的人生都是不可复制的。我们可以向先辈请教经验，但是却不能照搬和套用先辈的经验。时代在向前，万事万物都处于瞬息万变之中，我们只有根据自身的情况，顺应时事做出最恰到好处的选择，才能更加接近于成功。

第03章
困难，永远会给勇者让路

很多人都喜欢看美国大片，因为其中的主人公好像拥有无穷无尽的力量，总是能够与邪恶势力奋战到最后一刻。从这些千篇一律的结局中，我们不难领悟一个真理，即成功永远属于永不放弃、勇往直前的人。从现在开始，我们也要改掉犹豫不决的坏毛病，不管面对的是危机还是机遇，我们都要毫不犹豫地冲上前去。很多事情不尝试就无法知道结局，如果不切切实实地去做，我们就会永远毫无收获。宁愿当一个错误连连的行动派，也不要当一个只说不做的空想家。

在怯懦的人心中，命运总是残酷的，敌人总是强大的。因而，他们总是心怀畏惧，不敢马上展开行动，也因为思虑过多变得瞻前顾后，失去了当即行动的果敢和勇气。在这个世界上，有的人意志坚强如同钢铁，有的人意志薄弱像个懦夫。任何时候，等待不会让我们柳暗花明，只有马上行动才能帮助我们争取更多的生机。从现在开始，行动起来吧！

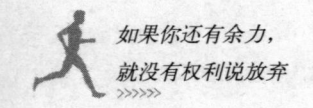

如果你还有余力,
就没有权利说放弃

要克服难题,首先要有勇气

鸵鸟面对风沙的时候,会把自己的头伸进沙子里。我们也许会很奇怪,问题出现了,把头钻进沙子里,问题就会如你期望的那样消失改变吗?问题当然不会消失或改变。但是现实中有很多人,却也会像鸵鸟这样做。但丁说:"我崇拜勇气、坚韧和信心,因为它们一直助我应付在尘世生活中所遇到的困境。"由于种种问题,人在生活和创业过程中,不可能一帆风顺,总会遇到这样和那样的困难。要克服这些难题首先必须要有勇气,有勇气你才能敢去拼搏,才能有能力站在胜利的高峰。

莎士比亚说:"本来无望的事,大胆尝试,往往能成功。"大胆尝试常常会带给你更多的机会。不管我们的生命多么卑微,不管生活给予我们的资源多么匮乏,只要信念不灭、执著依旧,就能让平凡的生命绽放出美丽的花朵!

最可悲的事情，莫过于败给自己的恐惧

面对众人，如果你有怕被人笑话的顾虑，那么首先就输给了自己。年轻人首先要过自己那一关，要勇于追求与众不同。当陈胜在田中除草时说出"燕雀安知鸿鹄之志"，他肯定是受到众多人嘲笑的，但是他面对众人嘲笑的眼光，没有退缩，终于成就了一番大业。

没有谁可以预见自己和别人的未来，我们要做的就是坚定自己心底的信念，不要被外界的嘲笑所击倒。我们可以败给对手，败给力量强大的敌人，却不能输给自己的胆怯心理，更不能败给流言，败给多疑心，败给时间。最可能成功的人，总是会坚信自己的理论是正确的，即使现在不正确，也会在未来的一个时间内变得正确，因为他们的眼光看得更远，看得清未来的趋势。当然，因为他们与众不同，他们可能会受到无情的嘲讽，而只有顶住这种嘲讽，才可能有更大的成就。

最可能成功的人，就是那些在大家眼里看起来不可思议的人。笑到最后的人，才是真正的强者，可并不是每一个人都能笑到最后，这其中的大多数并不是被自己的对手打败，而是被自己

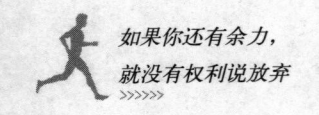

的思想打败,被自己的感觉打败。当我们找不到人生的出路,当我们感觉不到光明的希望,焦灼、恐慌、畏惧就会逐渐占领我们的心,让我们在被敌人打败前,自己打败自己。

成就大事,你就必须接受一段时间内人们的不理解和批判,只有坦然接受人们不认同的目光,才能坦然接受心理的煎熬,有这种心理准备,你才能成功。一个成熟的人就是无论别人怎样不接纳自己,自己都会接纳自己,爱自己,坚持自己的观念,这样才能不被自己打败。

第04章 绝境是弱者的绊脚石，也是强者的助推器

我们都知道，在人生道路上，困难和挫折是难免的，尤其是希望有一番成就的人们，更要有心理准备，人生会起起伏伏，我们无法预料，但是有一点我们一定要牢牢记住：绝境是弱者的绊脚石，也是强者的助推器。当你遇到逆境时，千万不要忧郁沮丧，无论发生什么事情，无论你有多么痛苦，都不要整天沉溺于其中无法自拔，不要让痛苦占据你的心灵。即便身处绝境，我们也要有勇气直面困难并且做到一直向好的方向行进，这才是一种努力达到和谐的状态，那么，你最终将战胜困难，走出困境。

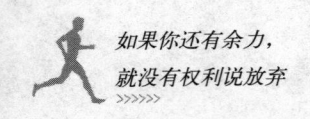

如果你还有余力，就没有权利说放弃

绝境能吞噬弱者，也能造就强者

人们常说"置之死地而后生"。为什么生命在"死地"却能"后生"？就是因为"死地"给了人巨大的压力，并由此被转化成了动力。没有这种"死地"的压力，又哪有"后生"的动力？这一点，也向我们证明了困境的激励作用。

实际上，上天对我们每个人都是公平的，为什么有些人能摘得成功的果实，有些人却只能甘于平庸？其中一个很大的原因就在于他们是否有走出困境的毅力。命运在为我们创造机会的同时，也为我们制造了不少"麻烦"。此时，如果倒下了，那么你也就失去了成功的机会；如果你经过挫折、失败的锤炼后变得更加坚强，那么你就是真正的强者。

从小时候开始，她就与别的女孩不同，小儿麻痹症让她不能像其他孩子一样奔跑，就连基本的行走动作，她都完成不了。

因为身体上的缺陷，她极度自卑和忧郁，医生说积极起来、

第04章
绝境是弱者的绊脚石,也是强者的助推器

做点运动,是有助于她恢复健康的,但她完全不以为然。时间一天天过去,她慢慢在长大,她越来越自卑,甚至不愿意接触周围的人。但也有个例外的情况,她和她的邻居老人关系很好,这个老人在战争中失去了一只胳膊,但却一直很乐观,也常常给她讲一些故事。

这天,老人用一只胳膊推着她去附近的幼儿园散步,他们因为孩子优美而充满童真的歌声打动了。歌曲唱完时,老人说:"多么优美的歌声,我们为他们鼓掌吧!"

听完老人的话,她很吃惊地说:"我的胳膊动不了,而你只有一只胳膊,怎么鼓掌啊?"

老人对她笑了笑,然后用仅有的一只手解开了纽扣,露出胸膛,用手掌拍起了胸膛。

她愣住了,但却知道了一些道理。晚上的时候,她请求父亲帮忙,写下了这样一行字贴在墙上:"一只巴掌也能拍响。"

她被鼓舞了,从那之后,她开始配合医生做运动。这是一个艰苦的过程,但她一直咬牙坚持着,终于,所有的努力开始出现了成效,她有了一点进步。她继续努力着,有时候,但她的父母不在时,她干脆扔掉支架,试着自己走路。

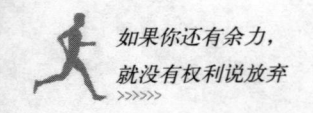

蜕变的过程总是痛苦的，但她有一个信念：一定要和别的孩子一样在草地上走着、跑着……在11岁时，她终于扔掉了支架，她认为自己有更大的潜能，她开始锻炼打篮球并参加田径运动。

1960年，她参加了罗马奥运会女子100米跑决赛，获得了11秒18的出色成绩，在她冲向终点的那一刹那，人们都纷纷站起来为她喝彩，这样一个美国黑人的名字震颤了所有人：威尔玛·鲁道夫。从此，威尔玛·鲁道夫被人们称为当时世界上跑得最快的女人，她共摘取了3枚金牌，也是第一个黑人奥运女子百米冠军。

从威尔玛·鲁道夫的故事中，我们每个人其实都应该明白一个道理：任何时候，只要不放弃希望，哪怕只剩下一只胳膊，也可以为自己鼓掌，为生命喝彩。任何时候都不要放弃梦想，要说成功有什么秘诀的话，那就是坚持，坚持，再坚持！

科学家贝佛里奇也曾说过："人们最出色的成就往往是在处于逆境的情况下做出的。思想上的压力，甚至肉体上的痛苦都可能成为精神上的兴奋剂。"因此可以说，挫折是造就人才的一种特殊环境。"自古英雄多磨难"。历史上许多仁人志士在与挫折斗争中作出了不平凡的业绩。因此，渴望成功的人们，任何时候都不要放弃希望，哪怕处于人生的绝境中，只要你抱有希望，就能绝处逢生。

当然，要走出困境，关键还在于我们自己。古语云："自助者，天助之。"把别人的帮助当作希望，往往会处于被动的位置，外界的帮助会使人更加脆弱，自助却使人得到恒久的鼓励。

法国作家巴尔扎克说："挫折就像一块石头，对于弱者来说是绊脚石，让你怯步不前；而对于强者来说却是垫脚石，使你站得更高。"只有抱着崇高的生活目的，树立崇高的人生理想，并自觉地在挫折中磨炼，在挫折中奋起，在挫折中追求的人，才有希望成为生活的强者。

所以，世界上没有任何事情是不可能的，如果你有成就事业的强烈愿望，你已经成功了一半，剩下的就是用你的心去实现它了。

心宽了，困难就小了

生活中，困难无处不在，而很多时候，打倒的我们的不是这些困难，而是被我们内心放大的恐惧。事实上，困难如弹簧，

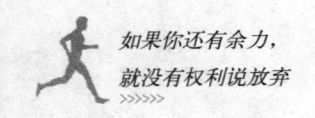

只要我们的心宽了,它就小了。捷克作家伏契克曾说:"应该笑着去面对人生,不管一切如何",这也正如另外一位政治家所说:"要想征服世界,首先要征服自己的悲观。"看开了,心宽了,满世界都是"鲜花开放";而悲观者看人生,则总是"悲秋寂寥",一个心态积极的人可在茫茫的夜空中读出星光的灿烂,增强自己对生活的自信;一个心态不正常的人则让黑暗埋藏了自己,而且越葬越深。

现实中的恐怖,远比不上想象中的那么可怕。当遇到困难时,理所当然,你会考虑到事情的难度所在,如此,你便会产生恐惧,将原本的困难放大。但实际上,假如你能放宽心,减少思考困难的时间,并着手解决手上的困难,你会发现,事情远比你想象中简单得多。那些成功的人士,都是靠勇敢面对多数人所畏惧的事物,才出人头地的。美国著名拳击教练达马托曾经说过:"英雄和懦夫同样会感到畏惧,只是英雄对畏惧的反应不同而已。"麦克阿瑟在西点军校的演讲中也曾说过这样一句话:"不正面面对恐惧,就得一生一世躲着它。"

不得不承认的是,失败平庸者主要是心态有问题。遇到困难,他们总是挑选容易的倒退之路。"我不行了,我还是退缩吧。"结果陷入失败的深渊。成功者遇到困难，能心平气和，并告诉自己："我要！我能！""一定有办法"，而最终，他们成功了。

我们每一个人，在人生路上都有可能遇到一些难题，它们会阻碍我们前进，让我们心灰意冷，甚至沉溺于玩乐之中，但请一定要记住，明天还未来到，昨天已经过去，珍惜今天，调整好心态，才能真正把握大局，才能找到前方前进的路！

面对绝境，也要保持平静的心态

很多时候，我们被生活逼得走投无路，自以为陷入生活的绝境无法自拔，因此内心深感绝望。其实，我们只是看似陷入绝境，只要我们的内心不放弃希望，只要我们坚持不懈地努力，我们完全有机会把绝境变成新的生机和机遇，从而帮助我们的人生再次掀开新的篇章，展开新的旅程。

也许有些朋友非常乐观，觉得自己在一生之中永远不会陷入绝境。其实不然。没有人能够永远在生活中顺遂如意。假如我们

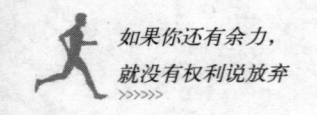

*如果你还有余力，
就没有权利说放弃*

觉得自己很顺利，不会遭遇绝境，也就恰恰意味着我们正在走向绝境。与此相反，对于一个有着忧患意识的人而言，也许经常会害怕自己遭遇绝境，其实命运是无常的，不管我们多么担忧，都无法避免绝境的突如其来。因此，最好保持平静的心态，即便真的面对绝境，也要相信这是命运对于我们的考验，能够帮助我们历练和提升自我，让自己变得更加顽强坚毅。尤其是当你成功的时候，你要感受的不是自己身处逆境，而是要感受那些曾经使你感到绝望和沮丧的绝境，正是因为超越和战胜了绝境，你才会成为今天的你。

和让人警醒的绝境相比，顺境如同是一种麻醉剂，会让人的心灵变得越来越麻痹，整个人也会更加懒散。唯有绝境，才能激励我们不断奋斗和进取，始终保持顽强的战斗力。对于任何人的人生而言，绝境不只是一次转折，也是一次升华。光阴如逝，当渐渐老去，我们才会发现命运中值得我们拿出来与子孙后代分享，向他人炫耀的，就是曾经的绝境。我们必须相信，一个人除非自反平庸，否则绝不会被困难打倒，更不会陷入人生的绝境。所以，我们必须突破自身的局限，远离命运的诅咒，成为征服困境和绝境的强者。正如巴尔扎克所说的，绝境，是天才进步

第04章
绝境是弱者的绊脚石，也是强者的助推器

的阶梯。

张明和刘思雨是同事，都在一家旅游公司当导游。有段时间，因为公司遭遇危机，他们全都被裁员了。对此，张明感到很沮丧，当即四处奔波找工作。但是刘思雨却不想再继续打工，而是想借此机会开展属于自己的生意，自己当老板。

尽管好朋友张明和家里的亲戚家人都表示反对，刘思雨却一往无前。为此，他还拒绝了张明为他介绍的一份很好的工作。转眼之间，五年的时间过去了。张明已经凭借出色的表现成为公司的中层管理者，刘思雨呢，却因为经营不善，导致生意经营惨淡，最终宣布破产。面对这样的情况，已经拥有决策权的张明再次向刘思雨伸出橄榄枝，真诚地邀请刘思雨去他所在的公司工作。但是刘思雨却信誓旦旦："我已经知道自己失败的原因，只要再给自己一次机会，我一定能成功。"看着负债累累的家，刘思雨依然充满信心。

转眼之间，又是一个十年。张明成为公司的高层领导者，刘思雨也拥有了属于自己的连锁餐饮企业，在全市拥有二十八家分店。刘思雨虽然遭遇了不少困难却成功地绝地反击，拥有了真正属于自己的家族产业。不得不说，他们的人生，也许从他们一起

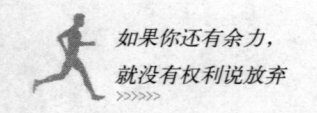

*如果你还有余力，
就没有权利说放弃*

被辞退的那一刻，就出现了分水岭。

大多数人在自己做生意失败之后，一定会第一时间结束尝试，规规矩矩地找工作。不得不说，他们都缺乏越挫越勇的精神，这也正是成功人士必须具备的精神。幸好刘思雨没有接受张明的邀请，成为张明的下属，所以他才能总结经验和教训，踩着失败的阶梯一往无前，越挫越勇。同样的道理，我们在人生之中，也不要遇到绝境就放弃。正如海明威笔下的桑迪亚哥老人所说的，一个人可以被打倒，但就是不会被打败。我们也要拥有这样的坚决精神，才能在一次次的失败中不断地总结经验和教训，踩着失败的阶梯攀登成功的高峰。

正如唐代大诗人孟郊所说，深山必有路，绝处总逢生。只要我们在人生路上永不停息地往前走，我们就能够找到新的生机，从而为自己的人生开辟新的道路。正所谓山穷水尽疑无路，柳暗花明又一村。我们必须记住，希望永远在我们的心里。只要我们心怀希望，我们的人生就永远充满希望。

脚踏实地才是实现梦想的唯一途径

关于未来,可能每个初入社会的年轻人都有很多幻想,他们豪气万丈、为自己编织着美好的未来,或希望自己成为某个行业的精英,或拥有自己的事业等,他们不断被灌输着理想对人生的作用和价值,树立理想是好事,它可以匡正人的言行,让我们的努力都有一个明晰的主线,但无论如何,我们千万要记住,只有脚踏实地才是实现梦想的唯一途径,对理想的憧憬,也千万别过了头。

如果你每天把大把的时间都用来展望自己的未来,而不制定实现梦想的计划,那么,你的梦想也最终只会遥遥无期。

爱因斯坦也说:"在天才和勤奋两者之间,我毫不迟疑地选择勤奋,她是几乎世界上一切成就的催产婆。"梦想的实现是一个过程,需要将勤奋和努力融入每天的生活、工作和学习,它没有捷径,它需要脚踏实地。

著名的心理学教授丹尼尔·吉尔伯特认为:当一个人憧憬未来,在他看来,自己似乎已经经历了那种美好,但实际上,这不过是一个想象的黑洞,是虚无的。的确,对于未来的过分憧憬,

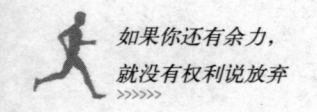

反而会抹杀自己对未来更为可靠的理性预测。

没有人可以在脱离行动之外就收获成功,真正的喜悦也是来自实践过的经历。哈佛大学的心理学家认为,当人们尝试着估计自己能从未来获得多大的乐趣时,他们已经错了。人生只有经历过,才能品味出真实的味道,也只有脚踏实地地看待生活,才会活出自己。

一直以来,人们都赞赏那些有伟大梦想、眼光长远的人,但很多人在憧憬未来时,难免有几分浮躁之气。有时候,当事情还没做到一半时,他们就认为自己已经大功告成,开始飘飘然了。因此,我们需要记住的是,急功近利,只讲速度,不讲质量,看不起眼前的小事,认为如此做不出什么名堂来,没有什么意义,如此,你只将一事无成。

的确,知识和能力、经验的积累,都像建造房子,从砖到墙、从墙到梁,是一个循序渐进的过程,任何能力和知识的得来也不是一蹴而就的,也不是下了决心就能获得的,这是一个长期的过程。实际上,无论做什么,水滴就能石穿,每天进步一点点,并不是很大的任务,也并不难实现。也许昨天,你通过努力学习获得了可喜的成绩,但今天你的必须学会超越,超越昨天的你，这样你才能更加进步，更加充实。人生的每一天都应该充满新鲜的东西。

  现今社会，好高骛远、不脚踏实地是很多年轻人的通病，不少年轻人是思想上的巨人，行动上的矮子，信誓旦旦决定做一件事，但到实施的时候，却做不到一步一个脚印，经常三分钟热度，做不到持之以恒。要知道，任何事情的成功都不是一蹴而就的，需要我们做出一点一滴的付出。小事成就大事，在每件小事上认真的人，一定能成就大事。

  其实，生活中，那些成功者往往是那些做"傻"事的笨人，输得最惨的是那些聪明人。那些"笨人"深知自己不够聪明，所以他们努力学习、埋头苦干，最终他们如愿以偿了。而"聪明人"做事时则不肯下力气，总想着耍小聪明，投机取巧，所以往往输得很惨，所以智慧和实干比起来，实干更加不可或缺。

  总之，每一个年轻人都必须记住，梦想必须扎根在现实的土壤上。任何一个怀揣梦想的年轻人都应该让自己沉下心来进入角色，这意味着你成熟了一些，离梦想的实现更进了一步。

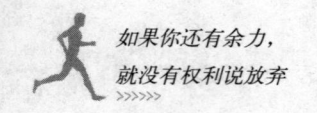

直面失败，才会迎来真正的成功

有位哲人曾说，"成功的路上尽是失败者"，这句话很对。常言道，失败是成功之母，是促进人们前进的号角，那些取得成功的人，身上都有一个共同的特质，即"正视失败"，他们从不会掩盖自己的失败，反而勇于承担失败带来的痛楚，他们会将每一次失败都摊开在阳光下，不让它藏匿在自己的生命中，这样才会有真正的成功！

一个人若是习惯了为自己的失误和失职找借口，责任心就会降低，就会疏于努力，不再想方设法争取成功，就会严重影响自己的工作质量，进而慢慢失去忠诚和自信，降低热情和激情。

"智者听到赞美，自己反思；愚者收到批评，字字反驳。"总有一些这样的人：犯了错、做事失败，总能找出千千万万个借口。因此，别再为自己的不努力找理由了，这些只会让你越来越甘于平庸。你不知道，你在为完成不了一项任务找理由、想懈怠时，很多聪明又努力的人在同样的任务面前，却懂得找方法，而不是冠冕堂皇地找各种理由。

挫折受够了，成功也就到来了

每个年轻人都必须经历挫折，在三十岁以前经历挫折，总比在三十岁以后摔倒要好得多，要知道人的年龄越大就越不经摔。人们常常说"小孩子要摔一百个跤才能长大"，我们不妨把平日里自己遭到的打击，当成人生必须的一种历程，遭一次挫折，吸取一次经验，挫折受够了，成功也就到来了。

能够为自己加油喝彩，无论是取得成就还是遭受挫折都会自我鼓励和自我安慰的人，是最乐观的人，这样的人能够最快地从逆境中爬起来，最快地吸收经验，最快地成长。成熟的人知道你必须自己爬起来，擦干眼泪，才能够更快地成长。

认识到跌倒之后哭泣并不能改变什么，但能够宣泄自己的不良情绪，也是一种成熟。如果对于年轻人来说，立刻站起来真的是强人所难，那么哭一哭吧。每个人的人生都有低谷，遭到打击时任何人都会无助难过，我们要做的是：

第一，把自己的情绪宣泄出去，无论是伤心，愤怒，失望还是消沉，把这些讲给你最亲近的人，或是找个隐秘的地方大哭一场，或者找个不介意自己脾气的人发泄一通。只有懂得合理发泄

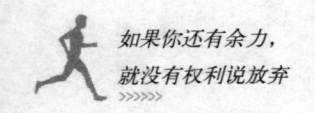

的人才不会真正受伤,懂得发泄是一种自我保护。玻璃为什么容易碎?因为它总是自己承受力量,皮球为什么总是那么坚韧,因为它会把受到的力传给地面。

第二,当你觉得宣泄完了不良情绪,心中空空的时候,找点令你高兴的事来做,或者冷静下来,思考一下自己到底犯了什么样的致命错误。人不会无缘无故受挫,总结经验对你来说是必须的,因为只有从打击中获得经验的人,才能够不断进步,这样你才有能力迎接更大的挑战,才会在以后的工作中少遭遇挫折。

第三,为自己加油鼓劲,一个人跌倒后能不能站起来,取决于他自己的愿望。所以,无论有多少人鼓励你,你都必须首先从内心深处自己鼓励自己,自己给自己加油打气,这样才可能振作起来。阳光乐观的心态对于每一个年轻人都至关重要,把挫折当成一种必不可少的人生经历,才能够真正成熟起来。

无论遭受多少打击,一个人都必须再站起来才能实现自己的价值,不同的是有的人站起来了,却因为害怕再次遭受打击而止步不前;而有的人,虽然同样害怕痛苦,害怕打击,但是他们能够激励自我,相信自己是绝对不会被打倒,被打败,被打碎的。就算在这里跌倒了,他们会在别的地方站起来,最终走向卓越。

第04章
绝境是弱者的绊脚石，也是强者的助推器

曾经听过一个故事，一个农民，只读了两年初中，17岁就辍学回家照顾家人。80年代农田承包到户，他把一块水洼挖成池塘想养鱼，但干部告诉他水田不能养鱼只能种庄稼，他只好又把水塘填平。在别人眼里这成了一个想发财但是非常愚蠢的笑话。后来听说养鸡能赚钱，他借了500块钱养起了鸡，但一场洪水后，鸡得了瘟疫，几天内全死光了，当时的500元就像个天文数字，他的母亲竟然受不了这个刺激忧郁而死。他后来酿过酒，捕过鱼，但没有一样成功。35岁的时候，他还想着搏一搏，就四处借钱买一辆手扶拖拉机。不料，上路不到半个月，这辆拖拉机就载着他冲入一条河里。他断了一条腿，成了瘸子。而那拖拉机，被人捞起来，已经支离破碎，他只能拆开它，当作废铁卖。

几乎所有人都说他这辈子算完了，可是后来他却成了那个城市一家公司的老总，手中有两亿的资产。很多媒体采访过他，很多记者带着不解问他："在苦难的日子里，你凭什么一次又一次毫不退缩？"

他坐在宽大豪华的老板台后面，喝完了手里的一杯水。然后，他把玻璃杯子握在手里，反问记者："如果我松手，这只杯子会怎样？"

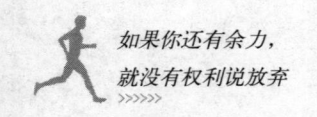

记者说:"摔在地上,碎了。"

"那我们试试看。"他说。

他手一松,杯子掉到地上发出清脆的声音,但并没有破碎,而是完好无损。他说:"即使有10个人在场,他们都会认为这只杯子必碎无疑。但是,这只杯子不是普通的玻璃杯,它是用玻璃钢制作的。"

这样一个自诩为玻璃钢的男人,是不会被任何打击而碎掉的。年轻人有着比他更好的条件,不应该比他有着更坚强的意志?更乐观的精神?我们不可能被别人击败,打败我们的只能是我们自己。无论何时,用阳光的心态来进行自我激励,自我安慰吧,乐观和成功的信念将会击败生活中的一切阴霾。

别总是盯着失败,多看积极的一面

一个成熟的人总是会利用更多因素拉近自己与成功的距离,当他想要成功的时候,甚至他的想法情绪都在帮他积攒正面的力量。所以成熟的人不会让挫败感长时间地影响自己,而会让自己

第04章
绝境是弱者的绊脚石,也是强者的助推器

的目光尽快地回到积极力量上面。

想要成功就不能总盯着阴暗面,成熟的人无论在任何情况下都会一分为二地看待问题,从而把更多的精力放在一件事情带来的积极的、有建设意义的方面。这样的观点可以让我们永远为事情找到出路,找到有利于我们成功的因素。走在迷宫中,如果一条路没有走通,变成了死胡同,你在此嗟叹伤心,恐怕既浪费了时间,又让自己心生沮丧;如果能够从好的方面想,这未尝不是一个机会,因为又可以探索出一条新的路,我们寻找的范围又窄了很多,如果能够从这个角度想,这就是一件振奋人心的好事。

看事情的角度不同我们面前的世界往往就会不一样,我们能够走出的人生路也不一样。如果我们总盯着人生中那些阴暗面,总盯着那些挫折,我们就会变得颓废,得过且过,只要不摔跤就好了,那么我们离成功就更远了。要知道成功是一条布满荆棘的路,路上的荆棘扎疼了你是因为你走对了大方向,如果自己走的是一条坦途,那么路上没有失败,但最终也没有山峰,没有成功。很多一生平顺,但没有大成的人走的就是这条路;而那些最终成就大业的人,注定要磕磕绊绊,因为要求完美,所以要遭受

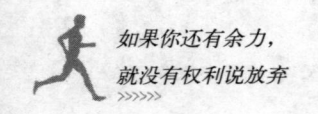

痛苦；因为痛苦，所以最终完美。

想要成功，你就不能总盯着阴暗面，无论是自己情绪的阴暗面，还是这个社会的阴暗面。失败的原因固然有自己的，也有社会的，但主要还是自己的，如果自己对社会的某些潜规则不知情，无疑是触犯了某些规则，那么就算自己失败，也是注定的，你不能因此怨天尤人，抱怨社会的不公平。你应该找出与人相处的规则，设法让那些规则为我所用，这样才会对你的事业有所帮助。

社会对于每个人都是公平的，你摔了跤，就知道人生路上的陷阱在哪里，以后避开它，你的人生就有了很大的进步。摔跤是一种经验，不仅仅能够让你在这条路上避开类似的陷阱，还会在未来别的道路上帮助你甄别那些机遇和陷阱，让你变得更加谨慎，更加理智。学会寻找事物的规律，世事的规则，这些都可以成为你的收获，在未来的每次考验面前帮助你。

我们应该趁着年轻多多进行各种各样的尝试，不要害怕摔跤，失败，因为失败不过是人生的一种形式，就好像过街天桥或者是地下通道，经过这个阶段我们可以达到我们想到的地方，然后继续前进。当你尝试过这种形式，就知道它没有什么了不起，

第04章
绝境是弱者的绊脚石，也是强者的助推器

只是让你增长才干的另一种别致的方式。人生只有失败过才懂得成功的真正意义。从失败中爬起来的人，才能够真正屹立不倒。

网易的CEO丁磊说过一句话："人生是个积累的过程，你总是有摔倒，即使跌倒了，你也要懂得抓一把沙子在手里。"正是抱着这样的态度，他在2001年9月因误报2000年收入，违反美国证券法而涉嫌财务欺诈，被纳斯达克股市宣布从即时起暂停交易，而又出现人事震荡后，才能够不被失败击倒，硬是挺了过去。作为一个转折点，他将网易的三大业务重点锁定为在线广告、无线互联和在线娱乐。2002年是中国短信"爆炸"的一年，丁磊恰巧抓住了这个机会，2002年8月后，网易绝地逢生。美国纳斯达克股票交易市场很快恢复了网易公司的股票交易，不久丁磊被胡润百富榜和《福布斯》杂志双双评为"中国首富"。

失败当中蕴藏着巨大的机遇，如果你能够从正面看待这件事，不被打倒，说不定就会"柳暗花明又一村"。我国古代的哲人很早就提出"祸福相倚"的说法，认为"塞翁失马焉知非福"，国外也曾有"上帝为你关闭了一扇门，必定会为你在别处开一扇窗户"的说法。可见，失败并不都是坏事，如果能够挺过去，接受教训，并因此到别处寻找机遇，说不定又会另有一

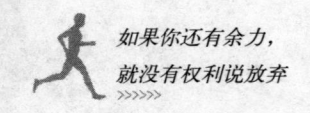

番局面。

年轻人不要悲观,年轻时总是失败并不可怕,因为你还有"翻本"的机会,这总要比七老八十以后失败好得多。不要总看自己的阴暗面,只要努力,接受教训,总结经验,也许成功就在前面等你。

第05章
想成功，就别对自己心慈手软

人生路上，尤其是追求梦想的过程中，我们都希望一切心想事成，但这只是美好的愿望，要知道，没有谁能随随便便成功，成功需要我们付出超越于常人的努力，而这就需要我们对自己狠一点，努力奋进，提升能力，只有这样，我们才有可能摘取到成功的果实，拥有成功的人生。

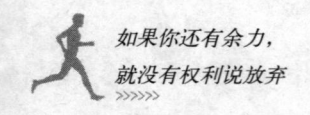

想成功，就要有意识地学会吃苦

我们都知道，没有人能随随便便成功，自古以来许多卓有成就的人，大多是抱着不屈不挠的精神，忍耐枯燥与痛苦之后，从逆境中奋斗挣扎过来的。在哈佛有一句名言："请享受无法回避的痛苦，比别人更早更勤奋地努力，才能尝到成功的滋味。"在人生的道路上，我们若想有所收获，就必须学会吃苦，学会苦中作乐。所以，要想成功，就必须要对自己狠点儿。如果我们想改变自己的行为，就必须要把我们的旧行为和痛苦连在一起，而把所希望的新行为和快乐连在一起，否则任何改变都不会持久。比如，人们对挫折有着不同的理解，有人说挫折是人生道路上的绊脚石，有人却说挫折是垫脚石，人们之所以有如此不同的态度，就是他们的自控力的不同，所谓"百糖尝尽方谈甜，百盐尝尽才懂咸"。与河流一样，人生也需要经历了洗练才会更美丽，经过了枯燥与痛苦之后，才能收获成功的果实。

第05章
想成功，就别对自己心慈手软

我们先来看下面一个故事：

许多年前，一位颇有份量的女性到美国罗纳州的一个学院给学生发表讲话。这个学院规模并不是很大，这位女性的到来，使得本来不大的礼堂挤满了兴高采烈的学生，学生们都为有机会聆听这位大人物的演讲而兴奋不已。

经过州长的简单介绍，演讲者走到麦克风前，眼光对着下面的学生们，向左右扫视了一遍，然后开口说："我的生母是聋子，我不知道自己的父亲是谁，也不知道他是否还活在人间，我这辈子所拿到的第一份工作是到棉花田里做事。"

台下的学生们都呆住了，那位看上去很和善的女人继续说："如果情况不尽如人意，我们总可以想办法加以改变。一个人若想改变眼前不幸或不如人意的情况，只需要回答这样一个简单的问题。"接着，她以坚定的语气接着说："那就是我希望情况变成什么样，然后全身以投入，朝理想目标前进即可。"说完，她的脸上绽放出美丽的笑容："我的名字叫阿济·泰勒摩尔顿，今天我以唯一一位美国女财政部长的身份站在这里。"顿时，整个礼堂爆发出热烈的掌声。

阿济·泰勒摩尔顿一位生母是聋子、不知道亲身父亲是谁的

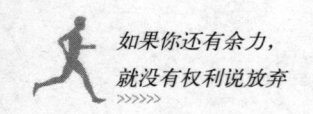

女性,一位没有任何依靠饱受生活磨难的女性,而恰恰是这位表面柔弱的女性,竟成为了美国唯一一位女财政部长。说到自己的成功,她却只是轻描淡写地说:"我希望情况变成什么样,然后就全身心投入,朝理想目标前进即可。"这句看似平淡的话语,却告诉我们一个道理:任何人,在人生的道路上,只有看到前方光明的道路,看到成功后的喜悦,才能忍耐当下的痛苦与枯燥。

事实上,人在绝境或没有退路的时候,最容易产生爆发力,展示出非凡的潜能。任何一个成功者都具有非凡的毅力,如果你想在最恶劣、最不利的情况下取胜,最好把所有可能退却的道路切断,有意识地把自己逼入绝境,只有这样才能保持必胜的决心,用强烈的刺激唤起那敢于超越一切的潜能。

曾国藩说:"吾平生长进,全在受挫受辱之时,打掉门牙之时多矣,无一不和血一块吞下。"如果经不起挫折,忍受不了挫折带来的痛苦与失败,我们就将沉埋在毫无希望的生活里,永远没有前进的方向。凡事能够成大事者,必须耐得住痛苦,忍受得了失败的打击,因为成功需要风风雨雨的洗礼,而一个有追求、有抱负的人,总会视挫折为动力。他们为什么能做到视挫折如动力？因为他们拥有着惊人的调节力，他们能看到"风雨"之后的"彩虹"，那么，他们又何惧"风雨"呢？

那么，当我们处于痛苦之中时，该如何来进行自我调节？你可以尝试着这样做：现在，你诚恳地问自己，在过去的五年，你在人生的各个层面因为旧习惯付出了哪些代价？如果用金钱衡量会是多少？给你心爱的人带来了哪些伤害？而接下来的一年、两年或者更多的时间，如果你仍然没有做出任何改变，那么，你将会因此会付出哪些代价？如果用金钱衡量会是多少？会给你心爱的人带来了哪些伤害？请详细描述你看起来会怎么样？有什么感觉？如果你能做出一个明智的比较，相信你就能找到前进的动力了。

越努力，越幸运

"人生十四最"中有这样一句话：人生最大的敌人是自己。的确，人要想超越他人，要想成功，就必须先超越自己。而当人们面对挫折和困难时，往往容易被负面情绪和压力打败，从而功

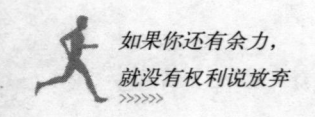

亏一篑，败给自己。的确，人最大的敌人是自己，只有能够战胜自我的人，才是真正的强者。

"要战胜别人，首先须战胜自己。"这是智者的座右铭。人生路上，我们会遇到一些挫折，但我们的敌人不是挫折，不是失败，而是我们自己，是内心的恐惧，如果你认为你会失败，那你就已经失败了，说自己不行的人，爱给自己说丧气话，遇到困难和挫折，他们总是为自己寻找退却的借口，殊不知，这些话正是自己打败自己的最强有力的武器。一个人，只有把潜藏在身上的自信挖掘出来，时刻保持着强烈的自信心，才会打败困难，成功者之所以成功，是因为他与别人共处逆境时，别人失去了信心，他却下决心实现自己的目标。

曾经有这样一个故事：

在美国，有个刚毕业的年轻人，在一次州内的征兵选拔中，因为体能好、表现优异被选中了，在外人看来，这是一件好事，但他看起来却并不高兴。

为了庆祝孙子被选上，他的爷爷从美国的另一个州来看他，看到孙子心情不好，便开导他说："我的乖孙子，我知道你担心什么，但其实真没什么可担心的，你到了陆战队，会遇到两个问题，要么是留在内勤部门，要么是分配到外勤部门。如果是内勤部门，那么，你就完全不用担忧了。"

年轻人接过爷爷的话说："那要是我被分配到外勤部门呢？"

爷爷说："同样，如果被分配到外勤部门，你也会遇到两个选择，要么是继续留在美国，要么是分配到国外的军事基地。如果你分配在美国本土，那没什么好担心的嘛。"

年轻人继续问："那么，若是被分配到国外的基地呢？"

爷爷说："那也还有两个可能，要么是被分配到崇尚和平的国家；要么是战火纷飞的海湾地区。如果把你分配到和平友好的国家，那也是值得庆幸的好事呀。"

年轻人又问："爷爷，那要是我不幸被分配到海湾地区呢？"

爷爷说："你同样会有两个可能，要么是留在总部；要么是被派到前线去参加作战。如果你被分配到总部，那又有什么需要担心的呢！"

年轻人问："那么，若是我不幸被派往前线作战呢？"

爷爷说："同样，你会遇到两个选择，要么是安全归来，要么是不幸负伤。假设你能安然无恙地回来，你还担心什么呢？"

年轻人问："那倘若我受伤了呢？"

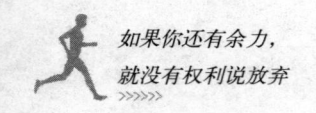

爷爷说:"那也有两个可能,要么是轻伤,要么是身受重伤、危及生命。如果只是受了一点轻伤,而对生命构不成威胁的话,你又何必担心呢?"

年轻人又问:"可万一要是身受重伤呢?"

爷爷说:"即使身受重伤,也会有两种可能性,要么是有活下来的机会,要么是完全无药可治了。如果尚能保全性命,还担心什么呢?"

年轻人再问:"那要是完全救治无效呢?"

爷爷听后哈哈大笑着说:"那你人都死了,还有什么可以担心的呢?"

是啊,这位爷爷说得:"人都死了,还有什么可担心的呢?"这是对人生的一种大彻大悟。有时候,我们对某件事很担心,但只要我们转念一想,最坏的状况莫过于……以这样的心态去面对,其实就没有什么可担心的了。

美国著名将领艾森豪威尔将军曾说过:"软弱就会一事无成,我们必须拥有强大的实力。"不正面迎向恐惧,你就得一生一世躲着它,永远活在它的阴影之下。

人们面对恐惧的第一反应通常是躲避,而试图逃避只会使得这种恐惧加倍。任何人只要去做他所恐惧的事，并持续地做下去，他便能克服恐惧。既然困难不能凭空消失，那就勇敢去克服吧！

你需要记住的是，在困难面前，逃避无济于事，只有正面迎击，困难才会解决。你会发现，有时候，那些所谓的困难与麻烦只不过是恐惧心理在作怪，每个人的勇气都不是天生的，没有谁是一生下来就充满自信的，只有勇于尝试，才能锻炼出勇气。

生活中的人们，当你遇到困难时，你也可以克服恐惧。现实中的恐怖，远比不上想象的那么可怕。当你遇到困难时，理所当然，你会考虑到事情的难度所在，如此，你便会产生恐惧，会将原本的困难放大。但实际上，假如你能减少思考困难的时间，并着手解决手上的困难，你会发现，事情远比你想象中简单得多。那些成功的人士，都是靠勇敢面对多数人所畏惧的事物，才出人头地的。美国著名拳击教练达马托曾经说过："英雄和懦夫同样会感到畏惧，只是对畏惧的反应不同而已。"

做曾经不敢做的事，本身就是克服恐惧的过程。如果你退缩、不敢尝试，那么，下次你还是不敢，你永远都做不成。只要

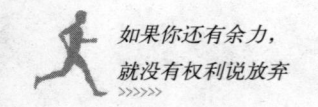

你下定决心、勇于尝试，那么，这就证明你已经进步了。在不远的将来，即使你会遇到很多困难，但你的勇气一定会帮你获得成功。

总之，物竞天择，适者生存，当今社会更是一个处处充满竞争的社会，一个有作为的人必定是真敢想敢的人，而你首先要做的就是消除内心的恐惧，毫无畏惧，自然战无不胜！

坚持下去，你会成为翱翔的雄鹰

王阳明曰："孔子气魄极大，凡帝王事业，无不一一理会，也只从那心上来。譬如大树，有多少树叶，也只是根本上用得培养功夫，故自然能如此，非是从树叶上用功做得根本也。学者学孔子，不在心上用功，汲汲然去学那气魄，却倒做了。"意思是，孔子雄伟气魄，因为只要是与帝王相关的学问和才能，他都加以研究、领悟，这强大的气场全是从心中所获。就好像一颗树，虽然有很多的枝叶，不过究其根本还是从根部培育起来的，功夫到家，自然就能如此了。现在很多人学孔子，但是不够努力，只是学了他的一些气场，这样的学习是并不妥当的。

有时候，失败并非因为你运气差，而是在于你不够努力。许多人对身边那些做出成就的人总是抱以羡慕嫉妒的眼光，从而感叹自己命运多舛，运气很差。不过，请重新审视一下自己，真的是因为运气很差吗？运气往往与努力相连，如果足够努力，那好运自然会到来。在这个世界，没有无缘无故的好运，所有的好运都是努力而来的。做人做事有多大的力气，就会有多大的成功。永远记住一句话：越努力，越幸运。

请放下浮躁，放下懒惰，放下三分钟热度，放空容易受诱惑的大脑，放开容易被新奇事物吸引的眼睛，闭上喜欢聊八卦的嘴巴，静下心来好好努力。当你认真地努力之后，你会发现自己比想象中更优秀，好运也会在期待中降临。

在不少人眼里，莎莉是一个努力的女孩，她一年几乎360天都在工作。在几年前，她看起来还有点婴儿肥，现在却摇身一变成为了纤瘦励志女神。当然，莎莉的变化不仅仅在外表上，而且陆续推出了有影响力的作品，其能力也得到大家的认可，可以说成为圈内的劳模代表。

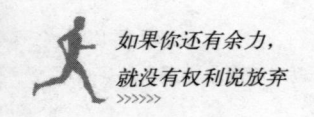

但是,面对这些变化,莎莉却说:"我希望努力度过每天,做最棒的自己,努力是我一个很好的开始。"其实,莎莉从小没有想过自己会成为活跃在大荧幕上的明星。小时候莎莉的父母对她要求很严格,让她学画画、硬笔书法、各种乐器等,涉猎广泛,在这个过程中莎莉慢慢明白努力有多么重要。父母经常对莎莉说:"你可以不是第一名,但你一定是最努力的那一个。"所以,莎莉一直以来都坚信"越努力越幸运",她希望通过自己的努力来赢得一次又一次的好运。她说:"加倍努力,终于让我化茧成蝶。"

在通往成功的路途上,任何的抱怨都无济于事,任何的借口都是白搭,唯有努力才是真。努力的人,不用去寻找好运,因为他就是好运。越努力越幸运,这确实是一个成功的奥秘。努力本身带给我们的有益的东西远远大于成功。在努力的过程中,不断磨练,不断尝试,到成功那一天,所有的努力都会聚沙成塔,成就自我。

你知道吗?风往哪个方向吹,草就往哪个方向倒。每个人要做风,即便最后遍体鳞伤,但也会长出翅膀,勇敢地飞翔。努力吧!在路上的人。一个人如果缺少棱角、缺少勇气,无法选择走自己的路，那他只能成为被风吹倒的草。所以，大胆走自己的路，努力吧，总有一天，你会成为翱翔的雄鹰，繁华褪尽，剩下的只有荣光。

狠下心来，改掉你的坏习惯

有位名人曾经说过："播种行为，收获习惯；播种习惯，收获性格；播种性格，收获命运。"的确，好习惯是走向成功的钥匙，而坏习惯则是通向失败的大门。很多人在成功的道路上没有坚持到胜利，并不是他们没有聪慧的大脑，也不是没有赶上好的时机，而是他们身上的那些坏习惯阻碍了他们的成才之路。

以戒烟为例，我们可以用类似下面的语言来时刻提醒自己：

笨蛋才不能控制吸烟的欲望；

我可以戒烟；

吸烟不利于我的身体健康；

吸烟损害了身边人的健康；

我可以凭意志力戒烟。

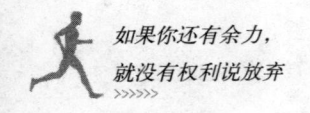

另外，你可以选择做一些其他的事情代替吸烟，从而转移注意力，这种方法十分有效。

坏习惯是可以改掉的，只要我们对自己狠得下心，不再一味地娇惯自己，努力去改正，那么我们慢慢地就会摆脱坏习惯的控制。人应该支配习惯，而绝不能让习惯支配人，一个人如果不能改掉他的坏习惯，那简直是太失败了。

任何行为在重复做过几次之后，就变成一种习惯。习惯有好有坏。好习惯虽不能立即带来明显的效益，但你会一辈子从中受益；坏习惯，却只能令你的成就有限。如果人们沾染到坏习惯不懂得及时改正，那么一旦坏习惯在人们的思想里根深蒂固，我们前进的道路就会受到严重的阻碍。总的来说，做人，应坚持好习惯，摒弃坏习惯。

勇敢站起来，继续上路

温斯顿·丘吉尔曾说："一个人绝对不可在遇到危险的威胁时，背过身去试图逃避。若这样做，只会使危险加倍。但是如果面对它毫不退缩，危险便会减半。绝不要逃避任何事情，绝不！"一个人的人生之路不可能总是平坦的，总有曲折甚至是障碍让你不断地跌倒。跌倒并不可怕，可怕的是跌倒之后爬不起来，尤其是在多次跌倒以后失去了继续前进的信心和勇气。我们应该勇敢地站起来，做一个永不退缩的强者，清理好身上的泥土，继续上路。

笑笑刚刚开始学习溜冰，她小心翼翼，非常紧张，但是走不了几步路就摔得非常难堪。笑笑伤心地坐在地上，眼里含着泪，看到别人都做得那么好，笑笑感觉非常难受和自卑。

这时候，好友琳娇滑到笑笑面前，将她扶起来，亲切地对她说："笑笑，溜冰要不怕摔跤。这可是一项从摔跤中走向成功的运动。从现在起，你准备好摔五十跤，然后你就会溜了。"

笑笑："真的吗？"

琳娇肯定地点点头。

于是笑笑坚定地站起来，迈开了步。

一跤，二跤……每跌一跤，笑笑前行的脚步就越发坚定，她明白，这些一次次的失败就是为最后的成功做铺垫的。

数到20跤的时候，笑笑便再也不摔跤了。

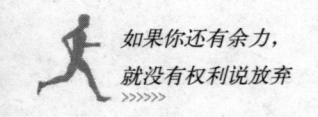

如果你还有余力，就没有权利说放弃

如果笑笑因为内心的小纠结而放弃的话，那么她就永远学不会溜冰，在朋友的鼓励下，笑笑敢于面对自己的失败，没有退缩，勇敢地重新站起来，所以她终于学会了。所以说，当你从心底里接受失败，不怕失败，那么你的力量就会更加强大。

有这样一个男孩，他出生在美国的波士顿，从小就遭受命运不公的待遇，三岁时，他失去了自己最亲的人，一时变成了一个可怜的孤儿。后来，当地一位做烟草生意的商人收养了他，并送他上学读书。善于经商的养父始终不理解爱写诗的他，更不喜欢他，常常骂他是个"白痴"。长大后，他的浪漫不羁与养父的循规蹈矩形成了鲜明的反差，两人不可避免地发生了激烈的冲突，最终他被赶出了家门。

后来，他进了美国西点军校就读，酷爱写诗的他竟然无视校规，不参加操练，而被军校开除。从此以后，他用写诗来打发自己的时光。

在他26岁时，他遇见了生命中最重要的女人——表妹唯琴妮亚。两人不顾世俗的眼光与阻挠，相爱并很快结婚。这是一段令他刻骨铭心的时光，也是他一生中最难以忘怀的美好回忆。

婚后，因为贫困潦倒，他们甚至连每月3美元的房租都无法支付，常常饿着肚子。体弱的妻子不堪重负而病倒了，他只能眼睁睁地看着，无能为力。很多人嘲笑他、讥讽他，说他是个十足的"穷鬼"，连自己的妻子都养活不了，而他的妻子面对人们的讥笑，始终对他不离不弃。他们用真爱演绎了世间上最牢固的爱情。

在这样困苦的环境中，酷爱写诗的他始终没有放弃手中的笔，每天都在疯狂地写诗，将自己对妻子的爱深深地融入到文字中。他渴望有朝一日能改变现状，让妻子过上好的生活。就是这种强烈的渴望支撑着他，让他忘记痛苦，忘记世间所有的不快，一心只想着要"成功"，要"奋斗"。

然而，尽管他从未放弃努力，但深爱他的妻子还是带着眷恋与不舍离开了他。几近崩溃的他忍着悲伤的泪水，把对妻子所有的爱恋都付诸于笔端，终于写出了闻名于世，感人肺腑的经典诗作《爱的称颂》，并最终获得了巨大的成功。

"每次月儿含笑，就使我重温美丽的'安娜白拉李'的旧梦；每次星儿升空，就像是我那美丽的'安娜白拉李'的眼睛，因此啊！整个日夜我要躺在——我爱，我爱，我生命，我新娘的身旁，凭吊那海边她的坟墓……"如此深情的诗文，让人感动、

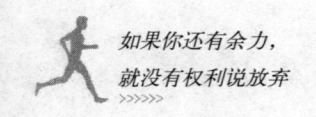

如果你还有余力，
就没有权利说放弃

难过，想必他的爱妻如果泉下有知，也该感到欣慰了。

他是爱伦坡，美国历史上伟大的作家和诗人。他用自己的一生证明了他的坚强不屈和永不言弃，不管环境多么恶劣，不管他人对自己有何偏见，他一直坚守着自己的梦想，即便前方的路很远很累，可是他没有停下前进的脚步，而是一步步走向了梦想的巅峰，他用自己的实力向整个世界证明了自己，即便身处逆境，他也照样能走出灿烂的人生。因为他坚信他是一个永不退缩的强者。

成功需要能力与智慧，更需要勇气和信念。没有人能随随便便成功，成功只会青睐于那些坚守梦想的人，因此，不管经历多少磨难，都不要丧失你的动力。对于成功者来说，失败一次两次，只是在学习成功的方法，失败三次四次或者更多次，只是说明他们还没有真正找到成功的方法，因此他们一直做的就是坚持下去，不断地努力，直至成功的那一天。

注重积累，实现人生的追求

滴水穿石，绳锯木断，一直以来，人们都用这两句语言，激励自己或者他人坚持不懈，怀着坚韧不拔的毅力，度过人生的坎坷困境，成就人生的辉煌灿烂。遗憾的是，熙熙攘攘的人群中，真正能够获得成功的人是少数，大多数人都在抱怨命运不公平，所以才会被失败纠缠。

归根结底，人生能否如愿以偿，并非只取决于运气，而是取决于人的付出和努力。所谓水沸茶自香，功到自然成。任何时候，我们的点滴付出必须不断积累，持之以恒，才能静下心来，在经过持续地积累和沉淀之后，一步一个脚印踏踏实实地走好人生之路。

在这个世界上，绝没有一簇而就的成功。很多时候，我们看着他人获得成功，却发现自己想要成功，还有很长的路需要走。那么，不要只顾着羡慕他人的成功，我们要做的就是从点点滴滴做起，汇聚涓流成为沧海，才能实现人生的追求，领悟人生的真谛。

很久以前，有个年轻人因为屡屡遭受不顺，心情低落，万

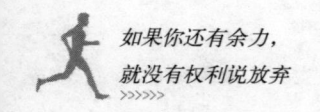

如果你还有余力，就没有权利说放弃

念俱灰。看不到人生希望的他来到深山老林中，偶然走进了一座古刹，拜见住持大师。他先是给古刹捐了一些香火钱，然后才问住持大师："大师，我的人生总是充满了坎坷与挫折，简直看不到任何光亮和希望，我都想放弃人生了。"大师听着年轻人的倾诉，沉默不语，最终吩咐身边的小徒弟："施主心怀善念。你去提一壶温水过来。"很快，小徒弟就提着一壶温水送过来了，住持赶紧拿出杯子，拿了一些茶叶放入其中，然后就用温水泡茶，将其摆放在年轻人面前的矮柜上。杯子中冉冉冒出热水，茶叶却漂浮在上面，不愿意舒展身体沉入杯子底部。看到住持依然默不作声，年轻人终于忍不住，问住持："请问师父，您为何用温水冲泡茶叶呢？"住持笑而不语，示意年轻人品味茶香。年轻人出于礼貌，端起茶杯喝了一口，却觉得没有任何茶香味道。因而，他不停地摇头，说："茶是好茶，可惜用温水，浪费了这撮茶叶。"

住持这时又吩咐小徒弟："去提一壶滚烫的热水来。"小徒弟领命而去，很快就提着一壶正在沸腾的热水走了回来。住持像之前那样拿出杯子，放入茶叶，然后把沸水缓缓注入茶杯中。果然，在沸水的冲泡下，茶叶不停地舒展身体，在茶杯里沉沉浮浮，很快就绽放出奇异的香味，使人闻之口舌生津。

年轻人正准备端起这杯茶，住持用手势示意他稍等，只见住持再次提起水壶，朝着茶杯中注入沸水。果然，茶叶不停地上下翻滚，年轻人闻到更加浓郁的香味。就这样，住持五次提起水壶，朝着茶杯中注入沸水，杯子才被倒满水。看着晶莹剔透的茶水，年轻人贪婪地嗅着清香的味道，感受着沁人心脾的清爽甘甜。这时，住持再次询问他："施主，这杯茶和刚才那杯茶所用的茶叶，是完全相同的，觉得如何呢？"年轻人难以置信地摇摇头，说："一杯是温水，没有茶香，一杯是沸水，满室茶香。"住持点点头说："的确，水温不同，茶叶的状态也各不相同。温水冲泡的茶叶，茶叶漂浮在上面，根本不可能释放出香气出来。而沸水反复冲泡的茶叶，不停地舒展身体，最终释放自己所有的香气，因而满室生香，使人口舌生津。人生也是如此，简单的冲泡，根本无法释放出人生真谛。我们唯有保持内心的淡然，经受住命运的磨难，才能最终收获圆满的人生。"

水沸茶自香，功到自然成。正如古人所说，天将降大任于斯人也，必先苦其心志，劳其筋骨，饿其体肤，空乏其身，行拂乱

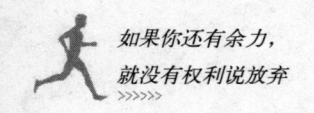

其所为，所以动心忍性，曾益其所不能。的确，一个人要想成就大器，必须先经受命运的磨难，才能最大限度地发挥自身的积极主动性，从而让自己真金不怕火炼。

朋友们，不管你觉得自己多么无所不能，都要耐下心来认真体察人生的各种境遇，从而最大限度发展自己的人生，成就自己的人生，也让自己获得最美满的人生。

第06章 不要轻易放弃，跨过障碍就是胜利

　　在这个世界上，绝没有成功是一蹴而就的，也没有人能够保证自己第一次尝试就能获得成功。相反，大多数成功者都经历了无数次失败，唯有在失败的基础上总结经验和教训，不断提升自己的实战能力，我们才有可能获得成功。为此，明智的朋友一定知道如何选择，假如避免失败的同时也失去了成功的可能性，这样的稳妥又有什么意义呢？人生是拼搏出来的，而不是逃避出来的。唯有面对失败迎难而上，始终不放弃尝试和努力，我们才有资格获得成功，也才能更好地面对人生。

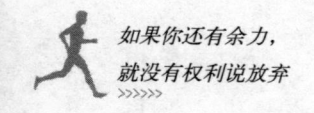

如果你还有余力，
就没有权利说放弃

绝不放弃，你一定会获得不可思议的成就

我们任何人都知道，人生旅途上沼泽遍布，荆棘丛生。也许会山重水复，也许会步履蹒跚，也许，我们需要在黑暗中摸索很长时间，才能找寻到光明……但这些都算不了什么，一个心中有梦想的人，都会坚信一点，总有一天，他们会变得很棒，所以，你也应该做到不放弃，知道自己要什么，该干什么，勇敢地去敲那一扇扇机会之门。

在我们的生活中，也有不少人，在他们的内心，都有自己的梦想，但紧张的工作，可能会让他们心中的梦想搁浅。但是人一旦失去了梦想，就你才会显得无力，没有热情。任何人的潜能只有具有一个伟大的动力，才会被最大限度地激发出来。而在这个过程中，最为重要的就是在面对压力、挫折、困难时有继续向前的愿望和动力，任何想要成功的人，首先要学会的就是坚忍不拔，要能够超越失败，成功才会与你越来越近。

第06章
不要轻易放弃，跨过障碍就是胜利

60年前，在加拿大，有一位叫让·克雷蒂安的少年，他曾因疾病而落下口吃的毛病，嘴角畸形，更严重的是，他还有一只耳朵失聪。后来，有一位医生告诉他，在嘴里含着石子能矫正口吃，于是，他就每天在嘴里含着一颗石子练习讲话，一段时间以后，嘴巴和舌头都流血了，疼痛难忍。

母亲看到后，十分心疼，他对儿子说："孩子，不要练了，妈妈会一辈子陪着你。"但克雷蒂安摇了摇头，然后替母亲擦干眼泪，十分坚定地说："妈妈，听说每一只漂亮的蝴蝶，都是自己冲破束缚它的茧之后才变成的。我一定要讲好话，做一只漂亮的蝴蝶。"

克雷蒂安的努力最终有了成效。终于，克雷蒂安能够流利地讲话了。他勤奋学习，学习成绩优异，还获得了周围人的赞赏。

1993年10月，克雷蒂安参加加拿大总理大选时，他的对手对其大力攻击、嘲笑他的脸部缺陷。对手曾极不道德地说："你们要这样的人来当你的总理吗？"然而，对手的这种恶意攻击却招致大部分选民的愤怒和谴责。当人们知道克雷蒂安的成长经历后，都给予他极大的同情和尊敬。在竞选演说中，克雷蒂安诚恳地对选民说："我要带领国家和人民成为一只美丽的蝴蝶。"结

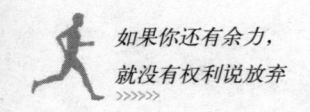

如果你还有余力，就没有权利说放弃

果，他以极大的优势当选为加拿大总理，并在1997年成功地获得连任，被国人亲切地称为"蝴蝶总理"。

一个口吃少年变成人人敬仰的"蝴蝶总理"，他真的如蝴蝶一样，实现了自己人生的蜕变。这也验证了那样一句话："总有一天，你会变得很棒的！"

咬咬牙，忍一忍就过去了

谁都希望人生路上一帆风顺，都希望获得命运的垂青、一举成功，每个追逐成功的人都是如此，但没有人能随随便便成功，这条路也并不是那么好走，需要每个人经受各种考验，其中就有失败。但勇敢的人从不会被失败打倒，而是把失败当作成功的垫脚石，从失败中崛起。在困境中，他们会告诉自己，咬咬牙，忍一忍就过去了。他们不畏惧风雨，不怕挫折，不惧坎坷，所以最后取得成功。

所以，我们需要明白的是，人生之所以有失败，是因为你要突破、要挑战。身陷绝境，就不要诅咒。失败是你错误想法的结束,也是你选择正确做法的开始。你不在绝境中成长,就在绝境中沦落。处在绝望境地的奋斗,最能启发人潜伏着的内在力量;没有这种奋斗,便永远不会发现真正的力量。

人生境界就是如此。在你的生命中,不论是爱情、事业还是学问,当你勇往直前,到后来竟然发现那是一条绝路,没法走下去时,山穷水尽悲哀失落的心境难免出现。此时不妨往旁边或回头看看,也许有别的通路;如果根本没有路可走了,往天空看吧!虽然身体在绝境中,但是心还可以畅游太空,体会宽广深远的人生境界,你便不会觉得自己穷途末路。

然而,我们也知道,无论做什么事,都有可能遇到困难,在困难面前,大部分人会选择放弃,而少数人还能坚持到最后,是因为他们在困难面前懂得使用催眠法进行自我调整,他们坚定地相信自己坚持下去就一定会取得最后的成功,而大多数人却被暂时的困难和挫折蒙蔽了自己看到希望的眼睛!

任何人追求成功的过程都会遇到挫折与失败。挫折是生活的组成部分,你总会遇到。社会间的万事万物,无一不是在挫折中前进的。因此,即使是灾难也不足以让你垂头丧气,有时候,可能一次可怕的遭遇会使你倍受打击,认为未来都失去了意义,但

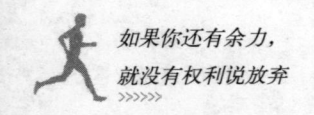

如果你还有余力，
就没有权利说放弃

你必须相信：灾难中也常常蕴含着未来的机遇。

奥斯特洛夫斯基说得好："人的生命似洪水在奔腾，不遇着岛屿和暗礁，难以激起美丽的浪花。"如果你在失败面前勇敢进攻，那么人生就会是一个缤纷多彩的世界。也正如巴尔扎克的比喻："挫折就像一块石头，对弱者来说是绊脚石，使其停步不前，对强者来说却是垫脚石，它会让人站得更高。"

所以，如果你已经成功了，你要由衷感谢的不应是顺境，而应是绝境。当你陷入绝境时，就证明你已经得到了上天的垂爱，将获得一次改变命运的机会。如果你已经走出了绝境，回首再看看，你会发现，自己要比想像的要更伟大，要更坚强，要更聪明。

遭遇绝境时，不妨再坚持一下

易卜生说："不因幸运而固步自封，不因厄运而一蹶不振。真正的强者，善于从顺境中找到阴影，从逆境中找到光亮，时时校准自己前进的方向。"挫折与失败最能考验人的意志，也最容易让一些人胆怯，恐慌、生气和抑郁。其实，每个成功者都曾经历过失败，只是他们会用自信心和坚强的意志，战胜挫折迎来成功。可以说，成功者大都是经历失败最多、受挫最重的人，他们在不能坚持的时候，选择了再等一下，再等一下，最终迎来了风雨之后的彩虹。

面对同样的一件事情，不能坚守，不会选择，不懂思考便不会有所成就。很多人在本该放手一搏的时候，却犹豫彷徨。不愿意再试一下，不想再付出看似多余的努力，而去贸然地选择一条看似明智的路，最终的结果只是在一再地变换自己的目的地，就连上帝也被你弄得晕头转向，不知道该把金子放在哪里。

生活本身是由无数个目标组成的，亦是由无数个对目标的等待组成。不管是成功还是幸福，都不会一下子来临，这期间的等待是必然的。一旦我们煎熬不住，缺乏，耐心，成功也会随之而去。要想成功，就必须等待，而且要学会等待，善于等待，再坚持一下，再等一下，说不定就有奇迹出现。成功前的等待是煎熬的，忐忑不安，渴望成功，又担心失败，这期间的情绪是复杂的。但是，不管多么煎熬，请对自己说：再等一下！

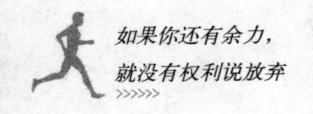

如果你还有余力，就没有权利说放弃

一往无前，无论如何别放弃希望

假如你曾经坐过船，或者曾经驾驶过船，你就知道在看似漫无边际也毫无阻碍的大海上，看起来不管往哪个方向航行都可以，可实际上最难的就是确定方向和目标。因而，在靠近海边的浅海区域，总会有灯塔矗立着，每当夜幕降临时，灯塔就会发出悠长的灯光，为大海里航行的船只指明方向，也对其起到警示作用。对于人生而言，希望恰恰如同海上的灯塔，人生也恰如大海，时而风平浪静，时而狂风暴雨，但是只要有灯塔在，那些船只就不会触礁，也不会迷失回家的路。希望是人生的引航灯，在变幻无常的人生海平面上，它始终坚守岗位，为我们指出正确的方向，也指引着我们到达人生的彼岸。

假如人的心中没有希望，人们就会像一只在海上迷路的船只一样，只能随波逐流，最终不知所踪。当然，希望并非是平白无故产生的。真正的希望来自于我们坚定不移的人生目标，以及我们对于人生无限的憧憬。假如一个人终日浑浑噩噩，那么他无论如何也无法做到心中有希望。从本质上来说，希望就是人们对于未来的憧憬和畅想。没有人生目标的人根本没有未来可言，又何

第06章
不要轻易放弃，跨过障碍就是胜利

谈希望呢！由此可见，人生目标和希望一起构成了我们人生的指引，让我们在漫漫人生路上之中执着向前，决不放弃。

曾经有心理学家证实，每个人在睡眠中都会做梦。那么，对于未来的憧憬和幻想，与梦之间到底有何区别呢？梦是人们的潜意识在睡眠中的活动，希望却是人们有意识地规划人生，畅想未来，因而说希望更加具有对现实的指引意义，也更加能够激励人们朝着人生目标不断奋进。如果人们通过自身的努力真的如愿以偿，那份喜悦也会带给人们莫大的信心，从而激励人们在人生路上更加不断奋斗进取。换言之，假如一个人心中没有希望，哪怕是处于人生顺境也会觉得索然无味，尤其是当我们身处逆境需要不断坚持的情况下，就会缺乏毅力，看不到未来，最终悻悻然放弃。殊不知，成功往往出现在无数次失败之后，也出现在人生的转角处。我们也许只要能够熬过最艰难的时刻，再继续努力一下，就能够实现梦想。所谓黎明前的黑暗，也不过如此。要想顺利度过这个时刻，我们就必须看到希望，心中必须有明灯的指引。

有一天清晨，天才蒙蒙亮，整个海岸都被浓重的大雾笼罩着。在海岸西边大概34公里处，一位三十多岁的女性从卡塔林纳

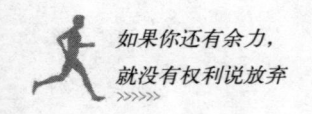

如果你还有余力，
就没有权利说放弃

岛上下到冰冷的海水中。原来，她就是费罗伦丝·查德威克，这一天她准备从卡塔林纳岛为出发点，游到加州海岸。在此之前，她曾经成功横渡英吉利海峡，也因为是世界上第一个做出如此壮举的女性，她的名字被载入史册。但今天的这场挑战，显然不占据天时。因为浓雾笼罩，海面上没有一丝一缕的阳光，她浑身浸泡在冰冷的海水中，冻得瑟瑟发抖，视野也很差，尽管她知道护送的船只就在她身侧，但是她却丝毫找不到船只的身影。

此时此刻，无数民众正通过电视直播看着她，人们心里都为她捏了一把汗，毕竟这是一次伟大的挑战。对她而言，在海水中游泳并不陌生，并不感觉到特别疲劳，只是觉得身体的热量散失得太快，很快就透心凉了。在坚持了十五个钟头之后，她觉得筋疲力尽，而且浑身都已经被海水的寒冷弄得麻木了。放眼望去，她只能看到浓雾，连海岸线的影子都见不到。为此，她以为距离海岸线还有很远，因而决定放弃，便发出讯号让护送的船把她拉上去。这时候，她的教练和母亲都在旁边的一条船上，始终陪伴在她的身侧。他们告诉她，只要再坚持下去，很快就能到达海岸，她距离成功只有咫尺之遥了。然而她极目远眺，还以为教练和母亲都在安慰和鼓励她呢，因为她根本看不到海岸线。想到这

第06章 不要轻易放弃，跨过障碍就是胜利

里，她坚决要求上船。当她到了船上披着厚厚的毛毯，还没有喝完一杯热饮，就看到了海岸线。原来，教练和母亲说的是真的，她只要再坚持一小会儿，就能成功完成这项壮举，如今却功亏一篑。不得不说，这样的结果让她感到很遗憾。事后回想起当时的经历，她感慨万千地说："浓雾使我看不到希望，最可怕的不是疲劳，是没有希望。"

两个月之后，费罗伦丝·查德威克再次横渡海峡，不但成功了，而且以超出两个小时的成绩打破了此前一位男士保持的纪录。费罗伦丝·查德威克成为世界上第一个成功度过卡塔林纳海峡的女性，而且从此之后她再也没有半途而废过，因为她的心中有了希望。

在这个事例中，费罗伦丝·查德威克之所以第一次横渡卡塔林纳海峡失败，既不是因为寒冷，也不是因为疲劳，而是因为她看不到希望。后来，她调整自己的心态，从失败之中汲取经验和教训，不但成功度过海峡，还成功打破了此前由一位男士保持的记录。其实，人生何尝不像横渡海峡呢，人们最害怕的不是艰难险阻，而是心中没有希望。古人云，哀莫大于心死，一个人心中没有希望就像是已经心死了一样，很难支撑自己渡过难熬的

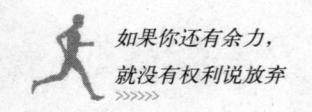

时刻。

从另一个角度来说，当人一心惦念着自己的目标，也对于实现目标充满了希望，坚信自己一定能够达成目标，那么即便在过程中遭遇一些坎坷和挫折，也不会因此而放弃。相反，他们会在希望的激励下不断说服自己坚持下去，直到最终如愿以偿地实现目标而已。从结果的角度来说，目标和希望还能够帮助人们增强信心。由此一来，实现目标也就变得更有把握，并且是让人愉快的奋斗历程。朋友们，请记住，当你们朝着希望勇往直前，就没有任何外力能够阻止你们前进。

坚守己心，每个人都有自己的活法

大文豪托尔斯泰曾经说过，大多数人都想改造这个世界，然而却很少有人想改造自己。正如世界上没有完全相同的两片树叶，世界上同样也没有完全相同的两个人。每个人都是一个独特的个体，都有自己的特性和精彩的内心，所以，佛家说，一人一世界，一叶一菩提。在这个世界上，有无数的成功人士，也有无数失败的人生。纵观古今中，外不难发现，大凡成功人士，都能够坚守自己的内心，做自己想做的事情，从不放弃。而失败的人呢？总是随波逐流，人云亦云。其实，人没有必要盲目地模仿别人，因为别人的成功经验是不可复制的，因为你不是他。假如成功仅仅是复制这么简单，那么也就不会有这么多失败者。每个人都有自己的活法，我们无需羡慕别人，做最好的自己就可以了。

有些人把自己看得很低，低到尘埃里，殊不知，他根本没有意识到自己的独特，而一心只觉得别人是最优秀的。这种人很难获得成功，因为成功不会青睐一个不自信的人。俗话说，三百六十行，行行出状元。但是，社会上却有很多人因为自己的职业而感到卑微。实际上，不管你的性格如何，不管你的特长是什么，也不管你所从事的是什么工作，你都应该顺应自己的内心，活出属于自己的精彩。很多人只注重生命的长度，而忽视了生命的宽度，终其一生，碌碌无为。对于每一个人而言，如何在有限的生命中释放自己无限的精彩，这才是重中之重。仔细回想一下，你能够记起谁？很多人都是你生命的过客，匆匆走过，不留痕迹。然而，有些人却使你记忆犹新。诸如，一个理发店的师傅给你理了一个好发型，你对其也许几年都念念不忘，甚至直到

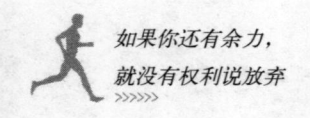

如果你还有余力,
就没有权利说放弃

老年翻看相册的时候依然能够想起他；有的陌生人在雨天的时候给你撑起了一把伞，使你每当遇到雨天的时候都会想起那份久违的温暖……你也许会发现，使你记忆最深刻的往往不是名人伟人，而是那些感动你内心的人。他们为什么给你留下了如此深刻的印象？究其原因，是他们顺应了自己的本性，他们也许很平凡但是却活得很精彩。在自己的天空中，他们是最闪亮的星星。

张华刚刚三十出头，就像是一颗熟透了的樱桃，浑身散发出成熟女人的无穷魅力。她有很多追求者，其中不乏事业有成的钻石王老五。但是，张华最终决定嫁给自己的老板。如此一来，同事们传开了流言蜚语，说张华之所以选择嫁给一个五十多岁的老头子，就是贪图财产。只有张华自己知道，她嫁给自己的老板，纯粹是因为爱情。

张华的婚姻遭到了父母的强烈反对，也遇到了来自老板儿女的巨大阻力。然而，张华不离不弃，始终坚持自己的选择。转眼之间，十几年过去了，张华风韵犹存，而老板则已经六十多岁了。这么多年来，老板也以为张华的爱情不够纯粹，为了更好地照顾前妻留下的儿子，老板与张华约定不要生孩子。然而，到了四十多岁的时候，张华突然改变了想法，急迫地想要一个属于自

第06章
不要轻易放弃，跨过障碍就是胜利

己的孩子。老板很不理解，也不支持，再三强调他们有言在先。突然有一天，张华抛弃了所有的财产人间蒸发了。一年之后，老板接到通知，在医院里见到了奄奄一息的张华和一个襁褓之中的孩子。原来，张华发现自己的怀孕了，她选择了离开，拥有一个只属于自己的孩子。然而，随着腹中胎儿的长大，她的卵巢囊肿也不断长大，而且在孕激素的刺激下变成恶性肿瘤。老板痛哭失声，他终于知道张华是爱自己的，和金钱没有任何关系。张华的离开使所有人都觉得无比悲痛，她就像夏花一样，选择在最灿烂的时候凋零，给人们留下了一个绝美的转身。

也许很多人都不理解，张华为什么非要生下这个孩子，不惜付出自己的生命。殊不知，这是一个女人的本能，对张华而言，已经拥有了所有的一切，而唯一缺少的就是一个和自己血脉相连的孩子，是能够代替自己活在这个世界上的生命。因此，她勇敢地做出了选择，以生命为代价把一个新生命带来了这个世界上。在很多人扼腕叹息的同时，也有很多人非常佩服张华的勇气。这最后的绽放，使张华把自己最美的形象留在了世界上。

每个人都有属于自己的独特人生，我们无需和别人比，更不用模仿别人，而只要倾听自己内心的声音。在人生的选择面前，

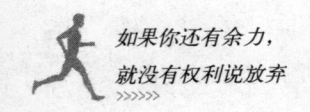

如果你还有余力，
就没有权利说放弃

假如你不知道应该如何做，那么，就请静下来，认真地听一听自己内心的声音。归根结底，你是为自己而活，而不是为任何人。一个人的人生，即使使整个世界感到满意，而自己却不甘心，那也是不成功的；反之，一个人的人生，即使整个世界都不满意，而自己却无怨无悔，那么也是成功的！

别轻言放弃，路难走时再坚持一下

刚刚参加工作的年轻人在职场上，难免有很多不适应的地方，有很多烦心事，但是，我们希望每一个对工作不适应的人都要再坚持一下，不要轻易放弃，跨过工作中的不适应，就是一种成功。

人的一生中有很多事情都需要你重新开始，比如从幼儿园开小学的阶段，从声情并茂的娱乐学习转为枯燥的系统学习，你肯定不能适应；接着从学习的环境，转换到一个竞争工作的环境你肯定也不能很快适应；将来我们还要与伴侣共同生活，从排斥走到互相吸引，彼此融合，那更是一个漫长的过程。我记得有人

第06章
不要轻易放弃，跨过障碍就是胜利

在婚姻中曾经说过"问题肯定会出现，我们首先要想的是解决之道，而不是一味逃避"，这里，他们把"离婚"理解为一种逃避行为。

我想把"辞职"也类比为一种逃避的态度，世界上不存在想象中的工作和工作环境。如果你不能解决工作中那种不适应，你不能融入竞争合作团队，或者无法承受更多的工作压力，那么换一个工作环境并无更大的不同。工作可以重新开始，可是心态并不能重新开始；也许在婚姻中你还可以找到无限包容你的人，可是周围的同事永远不可能无限包容你，世界上也不可能有绝对的公平。

对于工作中出现的种种不如意，如果想要学会成长，就必须要找寻问题的解决之道。如果是工作压力太大，就只能提升自己的能力，努力学习，或者多一些加班；如果感觉应付不来同事间的竞争，就应该向人际关系好的朋友多学习一些与人相处之道；如果觉得自己被同事们忽视，就应该多一些互动，不要独来独往，多多和同事们交谈请教；如果觉得自己大材小用了，就应该在岗位上做得更突出，多做出一些贡献，多一些让上司看到你的机会。

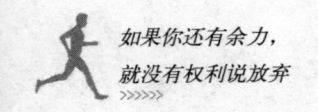

如果你还有余力，
就没有权利说放弃

我想工作中的一切问题都是可以解决的，同时这些问题也是每一个走上工作岗位的人需要解决和适应的。坚持是解决问题的唯一方法，可能有些人外向，融入公司环境就比较容易一点，有些人则内向一点，融入就会有些困难。但是任何一个团体都不是那么容易进入的，同事们的敌视情绪你也会慢慢体会到，但只要长久地坚持，你就会慢慢融入。

你无法选择工作，但可以选择态度，如果明白无论走到哪里，你面临的环境其实都是大同小异的；无论走到哪个单位，这些问题都是需要解决的，相信你打算跳槽的时候就会变得谨慎一些。走上社会，就代表着你要适应更复杂的人际状况，更激烈的竞争，因为在这里，你除了竞争成绩以外，还要竞争人气、利益；因为在这里，工作的状况将直接决定你以后的社会地位和可能取得的成就，因此每个人对工作都应该全力以赴。

工作这个战场，其实更多的时候进行的是"持久战"，那种在一气之下放弃战场，或者另辟战场的人，最终将败给那些始终坚持的人。跨过适应阶段，你就取得了人生的第一个成功。无论以后是否会跳槽，是否会呆在这个公司，适应工作生活本身对于你就是一项挑战，也是一个胜利。只要学会了融入社会人群的技巧，学会了怎样和同事在竞争中双赢，求共同生存，求进步，学会了怎样保持对工作的热情，怎样取得工作进展，这就是一种成功。

在工作中，值得学习的不仅仅是技术上的事，需要取得进步的，不仅仅是能力，还有一些精神方面的追求，在人际关系，在意志力上，在坚持己见上，在眼界上，这都是精神方面的进步追求。仅仅为了提高薪水，或仅仅因为自己的情绪不愉快，就另谋高就的行为是非常幼稚的。如果老是去琢磨哪些人令你讨厌，哪些人与你志趣相投，那么你就错了，要想着如何让别人接纳你，而不是你能接受什么样的人。这是工作的第一课，如果能够学得好，你就取得了绝对的进步。

从从事第一份工作开始，就要学会处理问题，只有将这些问题都解决了，你才能说自己成熟了。对于自己与周围同事、上司的关系，慢慢融入是唯一之道，在任何岗位都需要和周围的同事相处，你再跳槽多少次，这个问题都要解决。对于自己和客户的关系，如果你从事的不是公司内部的技术性工作，和跟自己有竞争关系的或者有敌对情绪的客户打交道是必学的一课。处理好自己和自己的关系，能够正确认识自己，对自己有正确的定位，是

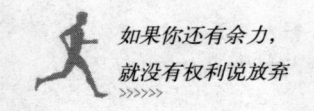

> *如果你还有余力，*
> *就没有权利说放弃*

人一生都在追求的目标，这个问题可以帮你弄明白"到底是你本身的错误，还是你和公司文化之间有冲突"，它可以帮你决定自己是否应该跳槽。

人生就是一次又一次的跨越，你跨过的不是环境的阻滞，而是自己的心态，战胜了自己，就是一种飞跃，就是一种成功。在日后回顾以往的时候，你会对自己今天作出的努力和决定感到非常欣慰。

第07章 做最好的自己，努力让生命绽放美丽

我们发现，生活中，在我们周围，那些成功者之所以成功，是因为拥有比常人更为优秀的品质和习惯，比如，坚持学习和读书、勤奋、慎思、坚韧不拔等，也就是说，我们想要成功，首先就要让自己变得优秀起来，优秀的行为习惯将是我们终生的财富。因此，短时间的痛苦，又算得了什么？我们每个人都应该努力完善自己，并坚持下去，一旦养成成功者必备的习惯，成功也就指日可待了。

*如果你还有余力，
就没有权利说放弃*

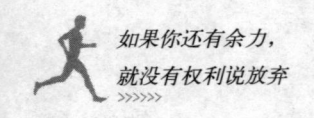

要想成功，就必须历经千难万险

每个人都希望自己的生活无比精彩，都希望自己的人生能够一帆风顺，然而，事实往往不尽如人意，使人在欢喜之余增添了无限的烦恼和遗憾。其实，要想使自己不再烦恼和遗憾，并非只有如愿以偿一种办法，也可以降低自己的欲望，不再痴心妄想。这样一来，你自然会觉得凡事都顺心如意，生活处处得心应手。何谓痴心妄想？指的是总是怀有愚蠢荒唐、无法实现的心思和想法。要想使自己生活得更加快乐，就要正确地评估自己的能力，使自己能够扬长避短，奔向那些经过努力能够实现的目标。这样一来，你自然不会因为无法实现自己的梦想而感到失落和绝望。

众所周知，天上不会掉馅饼，世上更没有不劳而获的好事。所以，在生活中，我们应该首先树立远大的理想，然后为之不懈努力。做人的首要原则就是脚踏实地，要想成功，就必须历经千难万险，经历各种各样的磨难。痴心妄想、好高骛远的人终将一事无成。

张三是一个乞丐，过着食不果腹、衣不蔽体的生活。即便如此，他也还是不愿意脚踏实地地干活，整天做着发财的白日梦。

一天，张三在闲逛的时候偶然捡到一个鸭蛋，他喜出望外，狂奔回家告诉妻子："我有财产了，我有财产了！"妻子赶紧放下手中的活计，奔过来问："什么财产？"张三小心地把捡来的鸭蛋给妻子看，说："喏，只要十年，这个鸭蛋就会给咱们带来丰厚的财产。"妻子不解地问："一个鸭蛋？还要等十年之后。岂不是成了臭蛋了？"张三哈哈大笑，向妻子解释说："我拿这个鸭蛋去找邻居，借他家正在抱窝的鸭子孵它。等小鸭子孵出来了，我就可以从中挑个母鸭。鸭子长大后就可以下蛋，一个月又能孵出十几只鸭子下来。如此循环往复，十年之间，鸭生蛋，蛋生鸭，等到咱们有了足够多的鸭子，就可以卖钱，然后买一头母牛。然后，再让大牛生小牛，要不了两年，小牛也会成倍地增长，给咱们换来很多很多钱。咱们还可以拿着这些钱去放高利贷，利滚利，钱也能够生钱。这样一来，咱们不仅可以锦衣玉食，还可以建造一栋大房子，在其中安居乐业。咱们还可以用

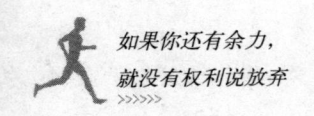

如果你还有余力，
就没有权利说放弃

这些钱雇佣奴仆伺候咱们，或者买个小妾伺候你。这岂非很快活吗？"起初几句话妻子听得还高兴，到了最后几句话，尤其是听到时，小妾就怒火中烧，冲着张三怒吼："你居然还想买小妾？这个鸭蛋哪里是财产啊，简直是个祸根！"说着，妻子一扬手把张三小心翼翼捧着的鸭蛋打碎了！张三看着自己未来的好生活变成了一场空，开始打妻子，并且跑到县衙告状，请求县官允许他杀死这个败家娘们。县官得知事情的原委之后，不由得暗自好笑。为了吓唬张三，他下令架起油锅，将油烧得滚开，并且要把妻子投入油锅之中。见此情形，妻子吓得面无人色，号啕大哭。妻子为自己辩解："县官老爷啊，我冤枉啊，我丈夫说的一切都没有成为事实，我何罪之有呢？"县官老爷说："既然如此，小妾也并没有买进家门，你为什么要把鸭蛋打碎呢？"妻子说："虽然道理如是，但是鸭蛋终究是个祸患啊！"县官老爷听了之后一笑置之，把妻子放走了。

　　因为一个捡来的鸭蛋，差点儿导致一场人命关天的血案。实际上，这一切原本就只是痴心妄想而已，一个做着白日梦，把虚妄当成是触手可及的现实，一个还因此而大发脾气，一气之下打碎了无辜的鸭蛋。在这个故事中，丈夫和妻子真是又可笑又愚蠢。

在现实生活中，我们应该脚踏实地地生活，不要痴心妄想。例如，一个人因为自己其貌不扬，就整日幻想着自己能够变得漂亮一些，甚至砸锅卖铁地去整容，其实，与其这样，还不如坦然面对，增长自己的才识，发挥自己的长处；有些人家境贫穷，非但不奋发图强，反而天天买彩票，幻想着自己能够中百万大奖，彻底改变贫穷的生活……这些都是痴心妄想的表现，实现的概率几乎为零。很多时候，要想避免痴心妄想，我们就要正确地认识自己，客观地评价自己，这样才能扬长避短，充分发挥自己的特长和能力，创造美好的生活！

认真做人做事，你会得到充实的人生

毛泽东曾说："世界上怕就怕认真二字。"纵观古今中外，无论大事小事，要想做得成，莫不需要认真。一个学生要想学习好，离不开认真两个字；一位员工想要有所出息，离不开认真二字；一个老板想要经营好公司，离不开认真二字；一个家庭想要和睦，离不开认真二字……是啊，认真是一种生活态度，如果处

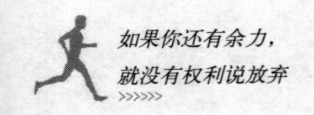

*如果你还有余力，
就没有权利说放弃*

事毛毛躁躁，不认真对待，那么什么事情你也做不好。认真的人们是可敬的，他们把工作视为值得用生命去做的事情。他们以认真为信仰，认真做事，认真做人，他们也因此而得到充实的人生。

说到认真，不禁让人想起一个人，一个一生都认认真真的人，他就是著名的文学翻译家、艺术评论家傅雷。

傅雷一生致力于外国文学特别是法国文学的翻译工作，先后翻译了伏尔泰、巴尔扎克、罗曼·罗兰等人的33部作品。此外他还写了不少文艺和社会评论作品，他写给儿子的家书结集出版后也受到广大读者的喜爱。傅雷为人的一个突出特点，就是"认真"。《高老头》这部巴尔扎克的著名作品，他在抗战时期就已译出，1952年他又重译一遍，1963年又进行第三次修改。他翻译罗曼·罗兰的《约翰·克利斯朵夫》，从1936年到1939年，花了整整3年时间。20世纪50年代初，他又把这上百万字的名著的译稿推倒重译，而当时他正肺病复发体力不支。他这样做，就是要精益求精，想把最好的译作奉献给读者。

对生活中的其他方面傅雷也是十分严谨和认真。在他宽大的写字台上，烟灰缸总是放在右前方，而砚台则放在左前方，中间放着印有"疾风迅雨楼"的直行稿纸，左边是外文原著，右边是外文词典。这种井然有序的布局，多少年都没有变过。他家的热水瓶，把手一律朝右。水倒光了，空瓶放到排尾，灌开水时，从排尾灌起。他家的日历，每天由保姆撕去一张。一天，他的夫人顺手撕下一张，他看见后，赶紧用糨糊把撕下的那张贴上。他说："等会儿保姆再来撕一张，日期就不对了。"他自己洗印照片，自备天平，自配显影剂和定影剂；称试剂时严格按配方标准，尽管稍多稍少无伤大局，他还是一丝不苟。有一次，儿子傅聪从国外来信，信中"松""高""聪"等字写得不够规范，他便专门写信给儿子，逐一进行纠正。

傅雷对家庭生活工作的态度，何止是"认真"二字能概括的，简直是"精益求精"啊！这是一种高度的责任感，表达出了对生命的一种热忱、敬重。不管是翻译文学巨著，还是对于点滴生活小事，他都尽力去做到最好，他踏实做人、认真做事的态度始终是人们学习的精神所在。

没有做不好的事情，只有做事不认真的人。生活中我们总是埋怨外界这不好、那不好，可是我们是否问过自己：我尽力而为了吗？许多时候，失败并不是因为我们没有做好某件事情的能力，而是因为我们漫不经心地处理、打发掉了一些自认为不重要

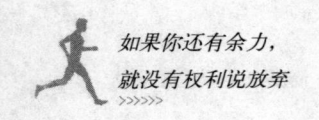

的工作或人。正是这种小小的不负责、不认真的行为，为我们的将来埋下了"定时炸弹"。

文小溪和范茵茵同是某公司公关处的职员，她们工作难度不大，每天就是负责接待客户，工作起来相对比较轻松。平日里两人一起上班，而且年纪也差不多大，相处起来一直比较融洽。

时间渐渐过去了，转眼文小溪和范茵茵两个人已经在公关处工作两年多了，公关处的主管因工作调动离开了公司，范茵茵被任命为新任主管。听到这个消息，文小溪心里特别不是滋味，她找到领导。开门见山地说："我和范茵茵是一起进公司的，从事的是同样的工作，为什么这次提拔的是范茵茵而不是我呢？这对我也太不公平了！"领导听完文小溪的话，心平气和地说："你和范茵茵虽然工作任务一样，但是完成工作的质量却不一样，这样吧，正好下午有个客户要来公司，我派范茵茵负责接待工作，你在旁边观摩一下范茵茵是如何工作的。"

文小溪带着满腹委屈和领导一起来到公司的接待办公室，只见范茵茵正在打电话："您好，是餐厅的李师傅吗？李师傅您好，下午公司要来一个客户，晚餐安排在公司食堂的小包间里，麻烦您在六点之前把一切都打点好，我们这位客户口味比较清淡，希望饭菜不要太腻太咸太辣，还有客户喜欢喝点小酒，希望您准备一瓶上好的酒……"听到这里，文小溪感觉到很意外，范茵茵怎么会知道客户这么多的信息呢？

原来，范茵茵一直有个习惯，她会在下班利用休息时间做一个工作日记，把接待过的客户的主要信息都详细记录下来，而今天来的这位客户，恰好是一年前范茵茵接待过的，所以，范茵茵可以提前提醒其他部门的同事，配合她一起做好接待工作。

看着沉默不语的文小溪，领导笑着说："你们的工作任务不难，但是并不是所有的人都能做到最好，范茵茵的工作态度只有两个字能形容，那就是认真。"

态度决定一切，小事与大事没有本质的区别，同一件事情，如果你认为重要就是大事，如果你认为不重要就是小事。如果一个人对待一件小事的态度也和大事一样一丝不苟，那么即便是做一件小事，他也能做得更为出色，呈现出自己超于他人的能力。人生没有那么多大事需要你崭露头角，成就一番大业，每一件大事都是由无数件小事堆积而成的，只要你认认真真做好每一件事，势必会成就美好的人生。

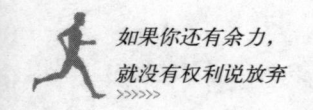

如果你还有余力，
就没有权利说放弃

你还没有尽全力，有何借口说放弃

乔布斯在叙述自己经历的时候曾经说过这样一段话："在30岁的时候，我被踢出了局。在头几个月，我真不知道要做些什么。我成了人人皆知的失败者，也让与我一同创业的人很沮丧，我甚至想过逃离硅谷。但曙光渐渐出现，我发现自己还是喜欢曾经做过的那些事情。虽然被抛弃了，但热忱不改。所以我决定，重新开始！"是的，一切都会过去的，我们没有理由放弃自己，如果放弃了自己，那么没有任何人可以解救你！只要肯努力，万事皆可重新开始！

要有努力生活的斗志，抗击环境的坚强毅力

一个人的成长离不开挫折与磨难的陪伴，生命力的绽放同样需要内在的努力与坚强。我们不能去埋怨自己生活中有许多挫折，因为这些困难会使我们变得更加坚强，会更会有助于我们走向成功。离开了一切困境的麦子，已经完全丧失了生活的斗志，

没有了成长的考验，最终麦穗里瘪瘪的什么成果都没有。所以，要想把自己成就得更为优秀，要想生命绽放出更美的姿态，我们就需要有着努力生活的斗志，抗击环境的坚强毅力。

东晋大书法家王羲之被后人誉为"书圣"，王献之是王羲之的第七个儿子，天资聪颖，机敏好学，他七八岁时始习书法，师承其父。尽管王献之天赋异禀，父亲王羲之依旧对他要求甚高。

一次，王羲之看着儿子说："儿啊，你只有写完了院里的十八缸水，你的字才能有筋有骨、有血有肉、直立稳健。"年少的王献之不以为然，认为自己天赋十足，不必修炼如此之久。五年后，当他写完院里的三缸水，自觉写有所成，便将自己的作品交与父亲观看。父亲边看边摇头，直到看见一个"大"字，脸上略显微笑。少年王献之又将作品给他母亲大人欣赏，只见母亲的脸上也出现了方才父亲的表情，最终将手指在"大"字，说道："吾儿磨尽三缸水，唯有一点似羲之。"此时，王献之才知道自己与父亲的差距还很大，便下狠功夫学习练字。当家里的十八缸水都写完后，王献之的书法果然到了炉火纯青的地步。自此，书法界又出"一王"，即王献之，父子俩也被人们誉为书法界的"二王"，受世人敬佩。

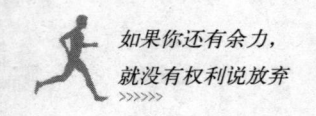

如果你还有余力，
就没有权利说放弃
>>>>>

坚持与努力是一个人的良好素质，拥有这种素质的人就如同拥有一笔宝贵的人生财富。很多人天赋很高，但是也容易心高气傲，如果不好好努力，最终也只能被自己的天赋拖累，成为普通的一员。所以说，我们要努力，因为一个努力生活的人，才有机会变得更加优秀。

"没有谁能随随便便成功"，一个事业有成的人，背后一定都有着辛酸艰苦的故事。天上不会掉馅饼，也没有谁注定就有成功的运气，更没有谁注定会失败。因此，此时此刻此地，多一点努力，你就多一点成就，你的生活也就多一点芬芳。终有一天，你会为之前那个努力的自己感到骄傲。再长的路，一步一步总能走完；再短的路，不去迈开双脚将永远无法到达。再多一点努力，多一点坚持，我们会惊奇地发现：到处都开着绚烂的成功之花。

善始善终，做事不可半途而废

中国人做事情历来讲究善始善终，用大白话来说，就是有头有尾。但很多人做事情有始无终、虎头蛇尾。毋庸置疑，有头有

第07章
做最好的自己，努力让生命绽放美丽

尾当然是好的，虎头蛇尾当然是不好的。一个人要想让自己的人生更加给力，就要避免半途而废，以此成就自己的圆满人生。

早在古代，老子就告诫人们做事情要慎终如始。这就是告诉我们，大多数人开始时都轰轰烈烈，但是在结束时，却总是仓皇收场。要想拥有好的结尾，我们就要像对待开始一样慎重对待结束，从而做到有始有终，有头有尾，也不会因为结尾过于仓促和不够圆满，落人以话柄，更避免了人生的遗憾。

现代社会，很多人原本都是有可能成功的，却出于各种各样的原因，以失败告终。究其原因，并非他们不够努力，也并非他们不够优秀，而只是他们在成功即将到来之前，迎来了身心俱疲的懈怠，所以他们不仅失去了最初的热情，也忘记了最初的目标。我们必须记住，一个人只有笑到最后，才能笑得最好。

众所周知，黎明前的黑暗是最难熬的。所以黎明需要孕育更强大的力量，才能突破这至深的黑暗。成功也是如此，很多时候，我们以为自己已经精疲力竭，无法继续坚持下去，却发现原来我们已经付出了99%的努力，只是最后没能坚持住，导致因为1%的不足与成功失之交臂。所谓行百里者半九十，大多数情况下，我们即便只缺少最后一步，也会导致全盘崩溃和坍塌。所以

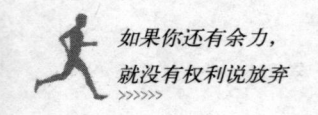

如果你还有余力，就没有权利说放弃

朋友们，人生不易，且行且珍惜。千万不要在关键时刻轻易放弃，要知道成功就在前方不远处向你招手呢！很多时候，我们中途放弃，甚至还会导致我们必须承担比不去开始更加恶劣的后果。所以，我们必须慎重对待事情的结束，为事情画一个圆满的圆圈。

大学毕业后，作为同学的小张、小李和小王，一起进入同一家公司成为实习生。原本，他们与公司签订的合约上注明了试用期是三个月。但是，他们刚刚工作了两个月，就接到了上司的通知，要求他们去办公室面谈。

毫无疑问，这三个人都想得到这份宝贵的工作机会，因而他们全都忐忑不安，不知道上司找他们所为何事。到了上司办公室，出乎他们的预料，上司首先肯定了他们两个月以来的工作表现，他们对此十分兴奋，心中悬着的石头也落下来了。没想到，上司突然话锋一转，说："遗憾的是，我们公司因为结构调整，眼下不再需要实习生，所以不得不遗憾地通知你们，你们要提前结束实习了。不过，今天晚上公司有个紧急任务，需要大家集体加班，希望你们能够站好最后一班岗，让你们的实习工作圆满结束。"这三个人的心就像是坐了一趟过山车，先是到达天空中飞翔，后来又落入谷底。上司说完这番话之后，他们全都面带沮丧地走回自己的工位上。无疑，小张、小李和小王都很失落。不过，小张暗暗下定决心：既然是在公司的最后一晚上工作了，那就把事情做到尽善尽美。想到这里，他拿出上司交给他的表格，开始认真地整理数据，一丝不苟。小李和小王呢，知道结局无法改变，因而一改往日里精神抖擞的模样，对待工作三心二意，敷衍了事，很快就完成数据整理，草草上交，收拾背包回家了。

次日，工作到凌晨刚刚睡下的小张，接到了上司的电话。在电话里，上司恭喜小张通过了公司的考核，可以提前转正。小张兴高采烈地去了单位，找到上司报道，却没有看到小李和小王的身影。经过一番询问，他才知道小李和小王被淘汰了。原本，昨天晚上上司与他们之间的谈话以及分派给他们的任务，就是想要考验他们是否有责任心，做事情能否善始善终，有头有尾。毫无疑问，小张经过了考核，而小李和小王，则被无情地淘汰了。

人们常常用当一天和尚撞一天钟来形容那些对待工作敷衍了事的人，然而，即便是敷衍，也要把钟撞好了，才对得起和尚的称号。换言之，不管是对于生活还是工作，我们都要站好最后一班岗，不是为了别人，而是为了自己的内心安宁，也对得起自己

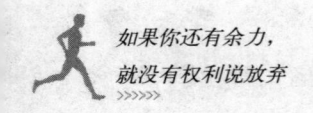

*如果你还有余力,
就没有权利说放弃*

此前的努力。

做事情有头有尾的人,即使没有外界的压力,他们也会因为自身的"完美主义情节",竭尽所能地把事情做好。与此恰恰相反,一个人如果做事情虎头蛇尾,有头无尾,那么他们必然无法为了获得成功,而进行持之以恒的努力。朋友们,不管面对什么事情,我们都要像事例中的小张一样,竭尽所能把事情做到最好,给自己一个完满的交代。

不要随意改变,坚持自己的与众不同

同样是观山,有人欣赏华山的险峻,有人欣赏泰山的雄伟,还有黄山奇、峨眉秀,正是它们具有不同的景观,才有了彼此区别的标签,这就是个性。山都如此,人也亦然,画家会将自己的个性融入到自己的画作中,作家会把自己的个性倾注到作品里,乐师会将自己的个性演绎在声乐中,正是因为个性不同,世界才呈现出一片百花争鸣之态。

事实上,保持自己独特的个性和尊重别人的个性同样重要,不能尊重别人的个性是一种无理，不能保持自己的独特个性是一种无力。

有这样一个故事，有一个人对待自己的儿子很严厉，他专门请了一个名师来教导他，这位父亲要求自己的儿子一言一行都要模仿老师，儿子遵照父亲的要求，老师吃饭他也吃，老师喝水他也喝，老师无意间打了个喷嚏，儿子憋红了脸也打不出，只好哭着跟父亲请罪，说自己无法将老师全模仿下来。

当然，这只是一个笑话，但现实生活中确实有这样的人，他们不顾自己与别人个性上的差异，强硬的照搬模仿，但最后却发现，自己无法成为模仿的对象。每个国家、每个地区、每个人都有自己独特的文化，如果我们不能融入这种文化中，就不能将其转换为自己的素养，也必然会带来很多摩擦与阻力。每一个人都是独立完整的人，不应成为另一个人、另一个文化的复制品，因此，保持自己独特的个性是非常必要的。

庄子曾说："顺人而不失己，外化而内不化"，这是在启示我们，在与人交往中要做到外柔内刚，保持自己的独特个性，减少与他人的矛盾与冲突，共同营造出和谐的生活环境。所以，不要再隐藏自己的个性了，那恰恰是你与众不同的地方，成长的过

如果你还有余力，
就没有权利放弃
>>>>>

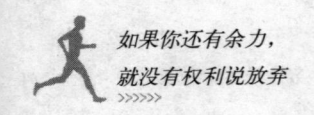

程需要我们不断地学习、完善自己，但绝不是去盲目地模仿，而是要在学习他人长处的同时，保留自己的个性。

人生在世，每个人都是一个独一无二的个体，各有各的优劣，如果每个人都一样，那世界绝不如现在这般精彩。所以保留自己的特点，不要随意改变，要知道这是你与他人不同的独特印记。

第08章 有毅力者先抵达成功终点

有人说,上天对我们每个人都是公平的,但为什么有些人能摘取成功的果实,有些人却只能甘于平庸?其中一个关键点就在于他们是否有毅力。命运在为我们创造机会的同时,也为我们制造了不少"麻烦"。此时,如果你倒下了,那么你也就失去了成功的机会;如果你经过挫折、失败的锤炼后变得更加坚强,那么你就是真正的强者。

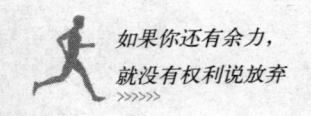

如果你还有余力，就没有权利说放弃

任何一种策略，只有坚持才会产生价值

我们都知道，机遇是与风险并存的。只有少数人能抓住机遇，这是因为很多人在看到机遇背后的风险便选择了放弃。现实案例告诉我们，百分之九十的失败者其实不是被打败，而是自己放弃了成功的希望。对于智者来说，不论面对怎样的困境、多大的打击，他都不会放弃努力。成功与不成功之间的距离，并不是一道巨大的鸿沟，它们之间的差别只在于是否能够坚持下去。

古人云："有志者，事竟成，百二秦关终属楚；苦心人，天不负，三千越甲可吞吴。"这句话的意思就是，只要我们坚持到底，无论梦想多大，都有实现的可能。我们常常发现有大多数人在做事的最初能保持旺盛的斗志，然而，到最后那一刻，只有顽强者能咬紧牙关坚持到胜利；懈怠者却在这时放弃了希望，失去了自己应有的成功。

为此，我们每个人都要明白的是，任何一种策略，只有坚持才会产生价值。也只有坚持到底的人，才能通过机遇的层层筛选，并最终获得它的垂青。

要问成功有什么秘诀，丘吉尔在一次演讲时回答得很好："我的成功秘诀有三个，第一是，决不放弃；第二是，决不、决不放弃；第三是，决不、决不、决不放弃。"

同样，生活中的每个人，也都要以丘吉尔为榜样，如果你已经为自己树立了人生目标，那么，你就要学会从现在开始始终保持积极向上的热情，你要谨记，无论你遇到什么，都要咬紧牙关，不要放弃最后的努力。

不得不承认的是，很多人尤其是年轻人，无论是在学习上还是日常生活中做事时，在开始的时候是一腔热血，然后是热情消退，最后完全放弃。这就是浮躁心理的影响，为此，你一定要克服这一心理，让自己的心沉静下来。

就如阳光总在风雨后一样，那些看清方向并一如既往坚持的人，他们总能看到困难中的机遇，同时克服机遇中的困难，他们总是在坚持理想，脚踏实地，持之以恒。最终获得更多更好的垫高自己的契机。

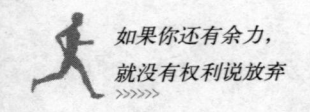

如果你还有余力，
就没有权利说放弃

只要你有梦想，慢一点完成也会成功

我们每个人都是有梦的，自打孩提时代起，我们就在编织着属于自己的梦。梦想，就像我们人生的航标，是在黑暗中指引我们前进的明灯。但追求梦想的过程是艰辛的，有的人甚至会用一生来完成一个梦，但无论如何，只要我们坚持梦想，不轻易放弃，即便是慢吞吞的蜗牛也能成功。所以，任何一个还在追梦路上的人，都别担心，只要你有梦想，慢一点完成也会成功。

伟大的发明家爱迪生就是一个从不言败的人。他曾经长时间专注于一项发明。对此，一位记者不解地问："爱迪生先生，到目前为止，你已经失败了一万次了，您是怎么想的？"

爱迪生回答说："年轻人，我不得不更正一下你的观点，我并不是失败了一万次，而是发现了一万种行不通的方法。"

在发明电灯的过程中，他尝试了一万四千次种方法，尽管这些方法一直行不通，但他没有放弃，而是一直做下去，直到发现了一种可行的方法。

事实证明，任何一个取得成功的人，都付出了超乎常人的努力。一个人要想获得人生的幸福，那么每一天都应该勤奋工作。

付出不亚于任何人的努力,这是一个长期的过程,但只要坚持就一定能够获得不可思议的成就。

约翰是个很勤奋的小伙子,在获得企业管理的硕士学位后,他就在一家国际性的化学公司工作。因为学历相当,刚进公司,他就被安排在了管理层的职位上,这令很多人不满意,尤其是那些和他年纪相当的小伙子们,因为他们还在基层摸爬滚打。为了服众,约翰请求从基层做起,这令上司很欣赏。

但约翰并不聪明,甚至是笨拙的,在很多业务问题上,他总是做得很慢。约翰的迟钝是明显的,为此,他的上司也开始为他着急:"抓紧点,约翰,动作快一些!"

然而,约翰似乎还是那么慢条斯理,永远都不着急。看到约翰蜗牛般的速度,人们开始不满,并用各种语言嘲笑他:"如果约翰去当邮递员的话,那么,我们永远别指望收到东西了。"

即使他们这样说,约翰也没有生气,也没有说任何话,还按照自己的进度工作、学习。

就这样,约翰来公司也已经半年了。此时,公司决定举行一场专业知识和业务能力考试,而第一名将会被选拔为公司储备干部。

令大家奇怪的是,平时少言寡语、工作速度缓慢的约翰却一举

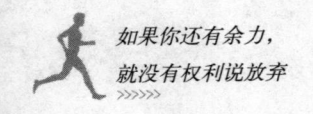

如果你还有余力，就没有权利说放弃

夺得了第一名，此时，他们才明白，做得多才是成功的硬道理。

故事中的约翰是个争气的职场新人，他做事作慢条斯理、不缓不慢，好像一个慢吞吞的蜗牛一样，他看似愚笨，甚至被对手嘲笑，但他专心做自己的事，最终，他用行动证明了自己才是最优秀的，这是一种值得每个渴望成功的人学习的精神。

的确，当今社会是一个快节奏的社会，凡事讲究效率，在城市的高楼大厦中，人们都希望在最快的时间内取得事业的成功，然而，任何目标的完成绝不是一蹴而就的，梦想的实现，更需要我们付出努力，做到坚持，做到干一行、爱一行，才能在该领域内取得成就。

然而，现实生活中，我们发现，有这样一些人，他们似乎总是心浮气躁，有太多的空想，要么同时对很多事都感兴趣，要么当手头事出现阻碍时就转移目标，但是，任何目标的实现，正像许多人所做的那样，不仅需要耐心的等待，而且还必须坚持不懈地奋斗和百折不挠地拼搏。切实可行的目标一旦确立，就必须迅速付诸实施，并且不可发生丝毫动摇。

为此，我们需要明白一个道理，慢吞吞的蜗牛也能取得成功，切忌心浮气躁。不要有太多的空想，而要专注于眼前的工作。在生活中的多数情况下，对枯燥乏味工作的忍受能力，应被视为最有益于人身心健康的因素，为人们所乐意接受。阿雷·谢富尔指出："在生活中，惟有劳动才能结出丰硕的果实。奋斗、奋斗，再奋斗，这就是生活，惟有如此，才能实现自身的价值。我可以自豪地说，还没有什么东西曾使我丧失信心和勇气。一般说来，一个人如果具有强健的体魄和高尚的目标，那么他一定能实现自己的心愿。"

通常来讲，越是有所追求、越是想干点事的人遇到的烦恼和痛苦可能就会越多，凡是达观一点，看开一点，相信自己的人，终会心想事成。所以，对于你所追求的目标，不妨多给自己一段时间，慢慢来，你最终也会收获颇丰！

凡事顺其自然，生活才会舒心

我们都知道，任何事情的发展都是有规律的，人们的主观愿望与实际生活也总是有差距的。就像自然界的植物，它们的成长需要每天接受光合作用，需要接受甘露的灌溉，如此才能收获果

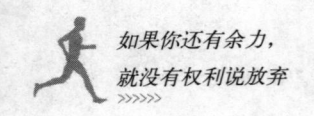

实。其实，不仅是植物的成长，我们所做的每件事也是如此，是有一定的规律的，我们需要做的只是努力，剩下的就将一切交给时间。这是一种大气和洒脱，是一种从容和淡定。

生活中的人们，当下的你可能正处于困惑之中，可能你对现在所从事的事感到迷茫，觉得毫无希望，但是你可曾问自己：我做到百分之百的努力了吗？如果答案是肯定的，请别焦躁，该有的总会有，成功总有一天会找到你。

所以，我们千万不可把自己的主观意愿强加于客观的现实中，我们应该学会随时调整主观与客观之间的差距。凡事顺其自然，确实至为重要。

从前，宋国有个农民，他做事总是追求速度。因此，对于田间的秧苗，他总觉得长得太慢，于是，他闲来无事时，就会到田间转悠，然后看看秧苗长高了没有，但似乎秧苗的长势总是令他失望。用什么办法可以让苗长得快一些呢？他思索半天，终于找到一个他自认为很好的办法——我把苗往高处拔拔，秧苗不就一下子长高了一大截吗？说干就干，他就动手把秧苗一株一株拔高。他从中午一直干到太阳落山，才拖着发麻的双腿往家走。一进家门，他一边捶腰，一边嚷嚷："哎哟，今天可把我给累

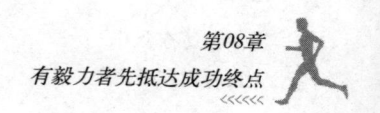

坏了!"

他儿子忙问:"爹,您今天干什么重活了,累成这样?"

农民洋洋自得地说:"我帮田里的每株秧苗都长高了一大截!"他儿子觉得很奇怪,拔腿就往田里跑。到田边一看,糟了!早拔的秧苗已经干枯,后拔的也叶儿发蔫,耷拉下来了。

揠苗助长,愚蠢之极!每一株植物的成长都是需要一个过程的,需要我们每天辛勤地浇灌耕耘,才能获得成果。每一个生命的成长也如此,千万不要违背规律,急于求成,否则就是欲速则不达。

其实,不光是这个农民,在现实生活中,我们也看到不少人内心焦躁不安,尤其是发现自己努力过后依然看不到希望时,他们要么打退堂鼓,要么感时伤事,处于迷茫混沌之中。其实只要你勤勤恳恳、不放弃,然后静静地等待,时间总会回报你。

其实,本领的获得、一个人生目标的达成都不是一蹴而就的,而是需要一个艰苦历练与奋斗的过程,正所谓"宝剑锋从磨砺出,梅花香自苦寒来",任何急功近利的做法都是愚蠢的,做任何事情都要脚踏实地,一步一个脚印才能逐步走向成功,一口是永远吃不成一个胖子的,急于求成的结果,只能适得其反,结

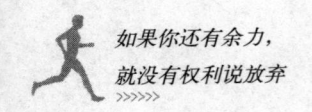

果只能功亏一篑，落得一个拔苗助长的笑话。

孔子曰："无欲速，无见小利。欲速，则不达，见小利，则大事不成。"真正能成大事者，都有个特点，那就是有十足的定力，遇事不慌不乱，这也是一种智慧的胸襟。人要学会用长远的眼光看问题，不仅要看到近期的得失，更要着眼于未来。只有凡事不急于求成，才能真正有所成就。

在生活中，真正的赢家并不是那些聪明的人，而是那些笨的人。因为他们认为自己不够聪明，勤能补拙，所以他们苦干，最终有了自己想要的生活，而相反，那些自以为聪明的人，却总是喜欢耍小聪明，看到周围的人有更巧妙的方法，他们就投机取巧，似乎这样就显得比别人聪明一点，而最终他们往往输得很惨，所以智慧和实干比起来，实干往往更重要。

总之，我们需要记住，无论做什么，太急功近利的人，往往很难成功，太想达到目标的人，往往不容易达到目标，过于注意就是盲，欲速往往不达，凡事不可急于求成。相反，以淡定的心态对之、处之、行之，以坚持恒久的姿态努力攀登，努力进取，成功的机率反而会大大增加。

经历风雨洗礼，实现完美蜕变

我们每个人都知道，世界上没有一件东西可以不通过辛勤劳动而获得，不吝惜自己汗水的人，必将会有丰厚的收获。一个成功者的成功之处就在于他总是比别人多付出一些，比别人多向前迈进一步。生活中的每个人，都是新时代的主人，可能现在的你衣食无忧，可能你还有某些特长，过着优越的生活，可能你会有个灿烂的未来，但你不能就此停滞不前，激烈的竞争要求你不断进步，而求知欲与不满足是进步的第一动力。生命有限，维系成功的惟一法门在于不断地努力，在新的方向不断探寻、适应以及成长，这样，你将步入新的高度。

在大自然中，很多植物都是历经艰辛，才展现出生命的多姿多彩的。比如，在环境严酷、灼热的沙漠里，一年只会下几场雨。有些植物趁着有雨，很快发芽、长叶、开花、结果，然后枯萎，生命过程只有短短的几周。它们在沙漠里顽强地生存，尽管生命短暂，为了延续下去，只要有一点雨水，它们就要开花结果，把种子留在地表，以待来年下雨时再次发芽。

这说明，只有努力努力再努力，才不会辜负生命的意义。只

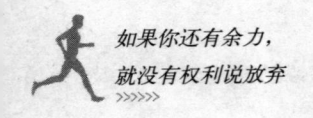

如果你还有余力，就没有权利说放弃

有我们付出了努力，才不会觉得遗憾。即使失败了，也是胜利者的感觉。如果我们没有付出努力，即使侥幸成功了，也一定会自责。

另外，一个人要想获得人生的幸福，那么每一天都应该勤奋工作。付出不亚于任何人的努力是一个长期的过程，只要坚持就一定能够获得不可思议的成就。事实证明，任何一个取得成功的人，都付出了超乎常人的努力。

当我们观察成功人士时，会发现他们的背景各不相同。那些大公司的经理、著名的传教士、政府高级官员以及各行业的知名人士都可能来自贫寒、破碎家庭，偏僻的乡村甚至于贫民窟。这些人现在虽是社会上的领导人物，但他们的成功无不是付出努力，并且是超乎常人的努力而获得的。

那些付出了很多努力，到了最后一刻功亏一篑的也大有人在，不禁让人觉得扼腕。

世界著名游泳女运动员弗洛伦丝·查德威克在1950年横渡英吉利海峡后，想再创奇迹，便从卡德林那岛游向加利福尼亚海滩。当她在海水中拼搏了60多个小时后，由于大雾弥漫，她看不到近在一英里处的海岸，她觉得疲倦极了，便上了小艇，终致功亏一篑。她说，如果当时能看到海岸，她就一定有信心和力量游向终点。

可见，我们任何人，都要形成勤奋努力的习惯。因为只有努力奋斗才会充实你的人生，它是使你的人生不断增值的砝码。

不断积累失败经验，在悲剧中铸就璀璨的成功

悲剧中，往往隐藏着宝贵的经验与信念，其实，悲剧是一笔不可缺少的财富。虽然，我们在遭遇悲剧、面临失败的时候，都会产生某种程度的负面情绪，不过，假如自己长期与挫折较真，深陷其中不能自拔，那我们注定会遭遇失败。美国著名心理学家贝弗利·波特认为，当一个人在工作中的失败感大于他所取得的成就感时，就很有可能对自己的工作失去热情，而当这种失败感以一定的频率固定出现的时候，他就很容易对自己的工作产生倦怠。面对悲剧，我们所需要做的并不是自甘堕落，自暴自弃，而是不断地积累失败的经验，在悲剧中铸就璀璨的成功。

伊莎克·帕尔曼出生在以色列的特拉维夫，父母都是波兰

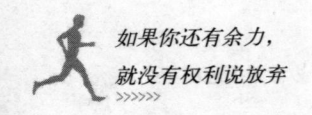

> 如果你还有余力，
> 就没有权利说放弃

人，三岁半的时候，帕尔曼就开始拉小提琴。可是，天有不测风云，一年以后，帕尔曼因小儿麻痹症瘫痪了。但是，疾病并没有阻碍他的音乐天赋，九岁时他就开始在音乐会上演出了。许多人认为，对于帕尔曼来说，在这个竞争激烈的行业中，开独奏音乐会实在是太难得了。但是，帕尔曼并没有沮丧，他一次又一次地鼓起心中的白帆，驶向音乐的海洋。"我一直在尽力坚持着。"帕尔曼对自己这样说，正是这种乐观的心态为他赢得人生的一次机遇。

帕尔曼十三岁那年，有一天，美国国家电视台邀请帕尔曼到"爱德·沙利文综艺节目"做客，这对于帕尔曼来说简直是天赐良机。为了使帕尔曼的音乐天赋得到更好的发挥，他们一家人搬到了纽约，在那里，帕尔曼开始了自己的音乐之旅。帕尔曼开始在酒店演奏，当人们吃了晚餐之后，他们会说："好了，让我们来听一听年轻的帕尔曼给我们演奏《野蜂飞舞》和布鲁赫的《尼根》。"帕尔曼一直坚信"逆境之中也有可能成功"，秉承着这种信念，终于有一天，帕尔曼迎来的不再是同情的目光，而是雷鸣般的掌声，他成为了世界顶级的小提琴演奏家。

莎士比亚曾说："逆境使人奋进，苦尽才能甘来。"在人生

第08章
有毅力者先抵达成功终点

道路上，成功没有巅峰，追求没有止境，短暂的荣誉往往会束缚人们前进的手脚，一时的辉煌往往会消减人们的斗志。而悲剧，让人痛心更催人奋进，让人难堪更让人坚定，让人们在放弃时能鼓足勇气，想逃避时拾起自尊。悲剧是成功的前奏，是一笔宝贵的财富。在挫折中奋进，在低谷中抓住机遇，不断地尝试，最终一定会拥抱成功。

席勒曾说："任何一个苦难与问题的背后，都有一个更大的祝福。"其实，伴随着悲剧的除了祝福，还有无限的机遇。我们在人生道路上，会遭遇很多逆境，如果缺乏自信，会使畏惧之心蔓延开来，不仅抓不住机遇，反而会被困难吞噬。生活是一道选择题，当你选择了坚持，机遇就有可能会降临；但是，当你选择了放弃，机遇将永远放弃了你。没有经过悲剧中挫折的磨练，就不会获得未来的璀璨与辉煌。

多加磨炼，方能受益

王阳明有言："人须在事上磨练做功夫，乃有益。若只好

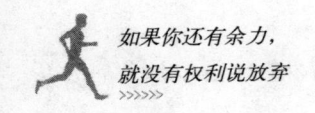

静，遇事便乱，终无长进。"意思是，不管做什么，人都必须在事情上多多磨练自己才能受益，如果只是想着停留在安逸舒适的环境之中，不在复杂的环境中去磨练，那么遇到事情就会慌乱，最终无法成功。尽管王阳明家境富足，但他从来不满足于安逸的环境，而是努力磨砺自己。后来他在贬谪贵州龙场时，面对断粮，面对野兽，面对死亡，面对恶劣的环境，他从来不退却，更是坦然面对人生。

人生因充满坎坷而多姿多彩。也许我们都不欢迎磨难的到来，但当他与你不期而遇时，请不要掉头或转向。磨难是一个魔鬼，他一旦看上你，就会对你穷追猛打，不舍不弃。选择躲避甚至逃跑的人，只会被磨难欺负得更加悲惨。

凡成大事者，必须经得起磨难的历练，经得起失败的打击，成功需要风风雨雨的洗礼，一个有追求、有抱负的人，总是视挫折为动力，有一句话说得好："能受天磨真铁汉，不遭人嫉是庸才。"所以说：对于天才磨难是一块成功的跳板，是一笔宝贵的财富；而对于弱者，就是使之坚强的磨刀石。磨难是一所包罗万象的大学。

命运赐给我们机遇和幸福，同时也给我们缺憾和苦难，我们没有必要畏缩自卑，更没有必要怨天尤人，用坚强的意志和刚毅的态度对待磨难，用豁达的心态对待生活，就会多一些希望，多几分幸福。

意志力的支撑，助你迈过人生艰难时刻

如果一个人非常有韧性，且能够排除万难，充分持久，就说明这个人意志力坚定，这也是我们平常所说的毅力。意志力强的人，做任何事情都能持之以恒，即便能力平平、智商普通，也能够克服万难，最终有所成就。有意志力的人做事情从来不会半途而废，这对于成功而言恰恰是比其他诸项技能都更加重要且可贵的品质。很多人做事情都虎头蛇尾，这正是缺乏意志力的表现。纵观古今中外那些成功人士，无一不在努力的过程中表现出顽强的意志力，即便历经千难万险、遭遇重重挫折，也从来不会动摇自己的决心，这就是意志力。

人们常说，滴水穿石，绳锯木断。这就是在告诉我们，面对任何看似不可能的事情，只要我们持之以恒、坚持不懈，就有可

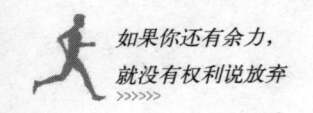

**如果你还有余力，
就没有权利说放弃**

能创造奇迹。人们还说，世上无难事，只要肯攀登。哪怕再高的山，只要人们拥有排除万难的决心，总有人能够到达巅峰，一览众山小。不管是在生活中，还是在工作中，每个人都需要意志力的支撑，才能跨越人生中接踵而至的重重困难，才能迈过人生中那些随时都有可能出现的坎坷际遇，从容拥抱人生。

美国大名鼎鼎的歌星卡需从小就有一个梦想，那就是当歌手。为了实现梦想，他小小年纪就开始自学吉他等乐器，还每天都坚持练习唱歌。随着年龄渐渐增长，卡需还学会了创作歌曲，尽管歌词略显稚嫩，却表现出卡需在音乐道路上的决心。服兵役结束后，卡需开始正式向歌坛进军。然而，幸运没有来到他的身边，他的歌没有得到大众的欢迎，最终迫于生计，他不得不成为一名推销日用品的推销员。即便如此，他还是利用工作之余的时间勤学苦练，积极地参加那些能够帮助他接近梦想的歌唱活动。后来，他还负责组建乐队，从此之后带着自己的乐队在各地巡回演出。

因为没有人愿意帮助卡需出专辑，所以卡需就用自己辛苦积攒的钱出了人生的第一张专辑。随着专辑大卖，他渐渐走红，成为众人皆知的歌唱明星。然而，很快，卡需就迎来了人生的厄

第08章
有毅力者先抵达成功终点

运。因为受到诱惑，卡需沾上了毒瘾，不但歌唱事业的发展戛然而止，他整个人也因此变得颓废不堪。痛定思痛，卡需最终决定站起来，再次成为那个站在聚光灯下的歌星。尽管医生都宣判卡需不可能彻底解除毒瘾，但是卡需却信心百倍。他开始了人生中的第二次奋斗。卡需让人把他锁在卧室里，无论如何也不要放他出来。如此九个星期，卡需经历了非人的痛苦，最终以顽强的毅力战胜了毒瘾，重新找回了自己。几个月之后，彻底康复的卡需回到舞台上，成为万众瞩目的歌星。

众所周知，戒毒是非常难的，这主要是因为毒瘾会使人觉得如同百爪挠心，让正常人无法忍受的痛苦。因此很多人一旦毒瘾犯了，就会忘记此前的誓言，再次成为毒瘾的俘虏。然而，卡需真的很想成为一名歌星，更不愿意自己一直以来的辛苦打拼付诸东流，为此，他以顽强的意志力挺过了九个星期的戒毒生涯，恍若死过一次，又获得了新生。

任何人在人生之中，都会遭到理想与诱惑的双重重压。人有很多欲望，这些欲望或大或小，或强或弱，总是驱动着我们的内心做出相应的选择和决定。卡需战胜了自己的欲望，忍受了痛苦的折磨，最终回到璀璨的舞台。

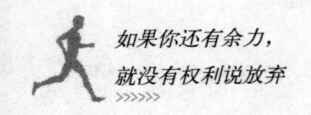

如果你还有余力,
就没有权利说放弃

从本质上说,意志力就是坚持,唯有坚持,才能成功。拥有意志力的从来不会向困难低头,总是迎难而上,所以成功才会青睐他们。假如一个人缺乏意志力,动不动就放弃,或者沮丧绝望,那么也许连成功的影子也看不到。

其实,人与人之间的差距并没有那么大,除了特殊的天才之外,大多数人的先天条件都相差无几。那么,为什么人生与人生之间悬殊巨大呢?究其原因,有些人拥有顽强的意志力,在任何情况下都绝不轻言放弃,因而最终获得了成功;有些人则遭受任何一点小小的挫折就会灰心丧气,绝望放弃,如此一来,他们怎么可能走到失败的拐弯处,得到成功的青睐呢!

第09章 放眼未来，远见让你走得更远

细心的你可能发现，那些成功者，往往独具慧眼，他们往往具备人们所说的野心，不会为眼前的蝇头小利而放弃追求梦想，而会用极有远见的目光关注未来，要具备这一远见，需要我们学会从全局思考问题，你一定要在日常的生活和学习中多汲取外界信息，这样方可开阔眼界，启发思路，做出具有远见卓识的决策。

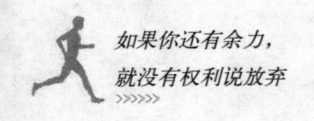

如果你还有余力，
就没有权利说放弃

一味地表达不满，不如付诸行动改变现状

生活中，我们常常听到一些人抱怨："哎！每天都在重复这些工作，真是浪费生命！""为什么每次都让我去处理这些事情！""什么时候才能给我涨点工资呢？"……他们对工作似乎满腹意见，而实际上，你在抱怨不满时，应该做适当地反省。为什么自己会有这样那样的不满？是不是因为自己做得不够好？从这些方面来说，其实抱怨也可以作为一个加速器，加速自己的成功。只要你能够通过抱怨看到自己的缺点，你就会进步。

事实上，聪明人懂得通过抱怨来反省自己，接纳生活，让生活变得更美好。抱怨自己的人，看到自己的缺点，一定会更加努力。

同样，处于某种环境下的人们，当你因为抱怨环境太糟糕而一味拖延的时候，为何不选择通过立即行动来改变自己呢？为何抱怨工作环境不好、薪水不高、老板不够和蔼呢？为何不反思自己是否做得已经到位、是否有着高效的执行力呢？

我们先来看下面一个故事：

在美国的一所小学里，有这样一个班级，这个班级的学生比较特别，他们一共有26个人，都是失足少年，他们有的进过少管所，有的吸过毒，总是让老师和家长失望透顶。

这个班级成立后，被一位叫菲拉的女老师接手。她在给学生们上的第一节上，并没有如人们想象得那样整顿班级纪律，而是在黑板上给孩子们出了一道选择题。让孩子们根据自己的判断选出一位在后来能够造福于人类的人。她列出3个候选人：

A.笃信巫医，他有多年的吸烟史，嗜酒如命，还有两个情妇；

B.有正经工作，但却不珍惜，每天睡到中午才起床，钟爱酒精，每天都要喝一斤多的酒，还吸食过鸦片；

C.曾有过辉煌的历史：是国家的战斗英雄，不吸烟喝酒、坚持吃素，从不违法。

结果大家都选择C。

菲拉公布答案，A是富兰克林·罗斯福，连续担任过四届美国总统；B是温斯顿·邱吉尔，英国历史上最著名的首相；C是阿道夫·希特勒，法西斯恶魔。

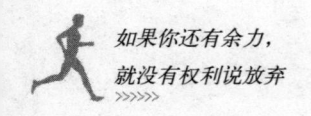

如果你还有余力,
就没有权利说放弃

孩子们看呆了,不明白为什么结果会是这样,接下来,菲拉满怀激情地告诉大家:

"孩子们,一个人,无论他的过去是荣誉还是耻辱,那只能代表过去,最重要的是他的现在和将来,只要你从现在开始决定做你想成为的人并为之努力,你就能成为一个了不起的人。"

菲拉的这番话,改变了这26个孩子一生的命运。其中,就有今天华尔街最年轻的基金经理人——罗伯特·哈里森!

的确,菲拉教师的话是正确的,过去的生活,不管辉煌还是暗淡,都随着时光如流水般逝去。要知道,羁绊于过去,是很难洒脱地走向美好明天的。一个人,只有学会放下对环境的坏情绪,适应环境,才能有意识地改变自己,最终改变命运。

在现代企业里,总是有一些人对工作抱有消极倦怠的态度,对待工作总是能拖就拖,被问到为何不积极工作时,他会反驳:"底层员工,就这么点薪水,没热情努力工作。"那么,既然如此,为何不努力工作,成为你羡慕的高层管理者?再比如,一些人抱怨自己经济能力差所以没有女朋友,那么为何不努力改善经济状况?其实,归根结底,我们还是要记住一句话:你改变不了环境，但你可以改变自己；你改变不了事实，但你可以改变态度。

总之，任何不满意现在状态的人都必须要懂得：多改变自己，少埋怨环境。正如一句名言所说的"如果你认为你处在恶劣的环境中，那么请好好地修炼，练好内功，等待爆发的日子。"

只有长时间地吃苦，才有长时间的收获

生活中的任何人，都有自己的梦想，都希望成功，成功是人们追求的永恒目标，但无论你选择什么目标，你都要有勇气，要勇往直前，在这条路上，你不但要拥有坚韧和耐心，还要做到放眼未来，坚定必胜的信念，这样即便再苦、再累，也会勇敢地与困难拼搏，最终一定能有所成就。人们常说，成大事者，必有坚忍不拔之志，胜利只属于坚持到最后的人。成功的人之所以能够成功，就是因为他们有坚忍不拔的毅力，能看到困境中的希望，并把失败化作无形的动力，从而最终反败为胜。

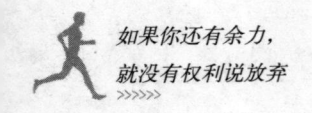

如果你还有余力，
就没有权利说放弃

我们不能否认一个事实，很多人都经历着种种苦难，遭受着种种挫折和打击，这的确是人生的不幸。可是，人们也惊奇地发现，无数杰出的成功者都是从苦难中走出来的，正是苦难成就了他们，苦难对于他们来说，是上天的一种恩赐。

格哈德·施罗德出生在一个工人家庭，小时候，父亲在远征苏联的战争中牺牲，施罗德兄妹五人与母亲相依为命。有一段时间里，他们住在一个临时搭建的收容所里，尽管母亲每天工作长达14个小时，但仍然不能满足家里的开支。年仅6岁的施罗德总是安慰母亲："别着急，妈妈，总有一天我会开着奔驰来接你的。"

逐渐长大的施罗德进了一家瓷器店当学徒，后来又在一家零售店当学徒，在1963年，施罗德加入了民主党。在之后的10年里，他读完了夜校和中学，后来到格丁根通过上夜大来攻读法律。大学毕业后，他获得了律师资格，成为了一名律师，不久之后，他当选为社民党格廷根地区青年社会主义者联合会主席。在以后的日子里，施罗德一直活跃于德国政坛，46岁那年，施罗德再次竞选成功，成为萨克森州州长，就是在这一年，施罗德实现了儿时的愿望，开着银灰色奔驰轿车将母亲接走了。

第09章
放眼未来，远见让你走得更远

也许，是儿时的苦难记忆，使施罗德在人生的道路上丝毫不敢懈怠，8年之后，施罗德一举击败连续执政16年之久的科尔，当选为德国新总理。

童年时期的施罗德曾在杂货铺里当学徒，那时他常说的一句话是："我一定要从这里走出去！"他成功了，而且，比自己想象中走得更远。即使，在成功的路上伴随着困难，但是，施罗德从来没有把困难当成一回事，儿时的记忆让他明白：自己必须忍耐贫穷生活带来的枯燥与痛苦，不断地向前行，这样才能赢得成功。

所以，不怕吃苦的人才会有所成就。在你的人生路上，也许会沼泽遍布，荆棘丛生；也许会山重水复，也许会步履蹒跚；也许，你需要在黑暗中摸索很长时间，才能找寻到光明……但这些都算不了什么，只要你能把握自己该干什么，那么就应该勇敢地去敲那一扇扇机会之门。

也许在一些人看来，吃苦受累是失败的表现，诚然，经历苦难是一种痛苦，常常会使人走投无路，寸步难行，也会使人失去生活的乐趣甚至生存的希望。但目标远大的人，都能看到苦难背后的力量，他们甚至认为吃苦是人生一种重要的体验和千金难买

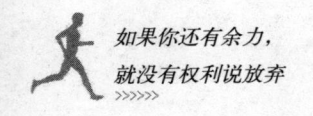

的财富。

很多人之所以不能迈出人生的关键一步,就是因为每当他感到压力的时候,就会一蹶不振,很难把失败当作不断前进的新动力。任何想要成功的人,首先要学会的就是要放眼未来,做到坚韧不拔,只有超越失败,成功才会与你越来越近。

畏手畏脚的人,绝不会获得成功

作为一个平凡的人,我们每个人都害怕失败,渴望成功,于是,人们在做一件事之前,都会产生各种顾虑,都会迟疑不定,而实际上,正是因为迟疑,人们开始恐惧、左思右想,最终被恐惧扰乱心境。在任何一个领域里,不敢冒险的人,都不会获得成功。

据社会学专家预测,未来的社会将变成一个复杂的、充满不确定性的高风险社会,如果人类自由行动的能力总在不断增强的话,那么不确定性也会不断增大。生活中的人们,你应该意识到,各种变化已经在我们身边悄然出现,勇敢地投身于其中的

第09章
放眼未来，远见让你走得更远

人也越来越多了，而如果你不积极行动起来，缺乏竞争意识、忧患意识，安于现状、不思进取，还没被惊醒的话，你就会被时代所抛弃，被那些敢于冒险的人远远甩在后面。当然，现阶段，你应该把眼光重点放在培养自己的冒险精神上。所以，从这一角度来看，敢于冒险也是有远见的表现，也是一种长远投资。

在人生的旅途中，不敢冒险的人、不敢真正跨出第一步的人最终只能使自己在给自己限定的舞台上越来越渺小。没有舞台的演员就像被缴械的军人、被剥夺了笔的画家，成功离他就会越来越远。

当然，风险越大，报酬越高。机遇稍纵即逝，优柔寡断、迟疑不决，将会错失良机。所以，你还需要有勇气。只有敢作敢为的人，才敢于承担责任和风险，才敢于直面困难和障碍、挫折和失败，才能抓住机遇获得成功。

生活中的每个人，也应该认识到智慧在创新过程中的重要性，如果你是个什么都敢于尝试的人，那么，你是一个勇者，但如果你希望获得成功，那么，你还要有谋略，你就要学会用智慧指导行动。要知道，机遇是个挑剔的女神，只垂青于肯动脑筋、

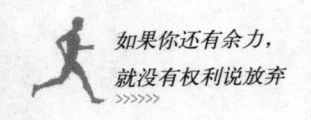

如果你还有余力，就没有权利说放弃

爱用智慧的经营者。没有全面的素质和一双洞察机遇的眼睛，又怎么能够开启成功创富的慧泉呢？

为此，要锻炼自己的勇气，你可以向自己不敢做的事"下战书"，就是拿过去不敢做的事，曾经畏惧的事情"开刀"，克服自己的心理恐惧，扫除心里的"精神垃圾"，以树立起信心。

也许到现在为止，你还有很多因为不敢做而没去做的事，那么，不妨给自己列个清单，挑战一下自己，每天，你都要将其中一条划掉，每做一件不敢做的事，你就朝着勇敢更迈进了一步，成功就会向你招手。

其实，人的一生就是一场冒险，走得最远的人是那些愿意去做、愿意去冒险的人。我们每一个人都要相信自己能成功，要鼓起勇气，尝试第一步，这才是真正的勇者。

学会控制自己的思维，从长远考虑问题

在生活中，我们常听老人说："做事之前就要想到后面四步。"其实，每向前走一步，我们都需要相应对的方法，即使不

第09章
放眼未来，远见让你走得更远

能看得那么远，至少我们需要看见下一步，这就是一种远见。的确，我们做事情，不仅需要稳当、周全，而且不要急于求成，更不要被眼前的小事所累。在时机未成熟之前，我们一定要把持住自己。一个成大事的人，眼光总是比身边的人稍长远一点。著名的美孚公司曾做了一次赔本买卖，可是，从最后的结果来看，它虽然放弃了眼前的利益却收获了长远的发展，小利变大利、利滚利、利翻利，先前看似赔本的买卖，最终却收获了高额的利润。这是一种商业中的计谋，也是每一个人需要的智慧。有时候，之所以需要我们学会自控，不要被眼前小事影响，其实是为了以后更长远的发展。

在近代历史中，曾国藩无疑算是一个有远见的人，在任何时候，他都不为眼前小事所累，其最终的理想抱负是"修身、治国、平天下"，誓死效忠于清廷。

1858年，在清政府的不断催促下，曾国藩第二次戴孝出山。届时，他率领了湘军，经过6年的艰苦奋战，终于攻克了金陵。这一次，宣告了太平天国运动的结束，平定了天下。而另一方面，由于湘军号称30万大军，意味着清朝的军权第一次从满人转移到了汉人手中。这时，曾国藩的名声与威望都达到了

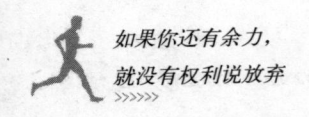

顶峰。

在弟弟曾国荃看来,这是多么兴奋的事情,大好的利益就在眼前,于是,他极力鼓动哥哥曾国藩"自立"。不仅如此,其他一些随着曾国藩出生人死的将领也一起暗示要拥立他为皇帝。究竟是继续做万人景仰的中兴名臣,还是冒着成为乱臣贼子的风险君临天下,曾国藩为此思考了很久很久。

其实,最初同治皇帝曾做出承诺,谁能解除天平天国对清朝的威胁,谁能够打下南京就封谁为王。可是,等到曾国藩真的打下了南京,功高震主,又手握兵权时,同治皇帝却失言了,他只封了曾国藩"一等毅勇侯"。"飞鸟尽、良弓藏"的道理,曾国藩自然明白。最后,经过思考之后,他做出了惊人的决定,自剪羽翼,解散了湘军,忍耐一段时间之后,重新找准了自己的位置。

历史证明,曾国藩的确是一名深谋远虑之人。皇帝宝座无疑十分诱人,在当时的情况下,他完全有能力、有实力自立为王,但他却把持住了自己,没有轻举妄动,这是为什么呢?曾国藩确实很有远见,即使自己攻破了南京,但他却已经分清了当时的局势:清政府派遣了许多将领驻扎在长江,一旦自己叛乱,

第09章
放眼未来，远见让你走得更远

定然会予以反击。而且，清政府开始有意识地培养自己身边的将领，分化湘军内部力量，如若真的自立，那些将领绝不会与自己同谋。另外，曾国藩的最初梦想便是报效国家而不是自立为王。所以，即便是在功成名就之后，他依然没有盲目享受成功带来的喜悦，而是以长远的眼光，忍耐在皇权下为官的战战兢兢。

在现实工作中，小到一个职员，大到一个公司，都需要有长远的打算，如果你只着眼于眼前的小恩小惠，那迟早有一天你将被利益所吞噬，职场生涯同时也宣告结束。其实，即便是工作也不能含糊，每件事都需要我们的谋算，将自己的眼光放得更长一些，别为眼前的小事所累，把持住自己，这样我们的职场之路才会走得更远。

某食品公司因为人员调动关系，原销售部门的经理离职了，这一职位也就暂时空缺了下来，虽然整个部门有能力的人很多，但被总经理提名的只有两个候选人。在周一的例行公会上，总经理就公布他们的名字，并且要求他们各自在一个星期内拿出自己的市场推广方案，谁的方案最优秀就由谁来担任部门经理。小李、小张同时被列为了候选人，两人平时还是好朋友，所以，这

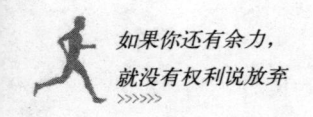

如果你还有余力，
就没有权利说放弃

样一场竞争非常有意思，公司各部门员工都对此议论纷纷。有人说小李绝对能胜任，因为他善于笼络人心；有人说小张绝对能任职，因为业绩比较突出。同时，有一个消息在办公室里炸开了锅，原来小李是经理夫人的亲弟弟，这可不得了，那失败者似乎注定了就是小张。

小张分析了其中的利害关系，心想：小李有了关系这一层，看来自己终究是失败，不过，有什么要紧呢。如果自己真的失败了，表现得大度，努力配合小李的工作，给人留下好的印象，日后定会有高升的机会。他就这样一边这样想着，一边准备市场推广案。很快，一个星期就过去了，两人同时把方案交到了办公室。总经理在大会上宣布了结果，懂得笼络人心的小李胜出了。小张知道自己已经失败了，心中十分坦然，鼓掌表示庆祝，似乎一点也不在意。

小李上任了，开始了管理工作。小张还是积极地跑市场，协助小李的工作，下班后，他与小李还是好朋友。公司里人的都说："小张这人真好，升职机会被好朋友抢了也不说什么""就是啊，而且，工作比以前更积极，这样踏实能干、谦虚的小伙子上哪去找啊"。三个月后，小张在朋友小李的推荐下，因业绩突出被提升为部门助理。

　　本来，同事小李有好的关系，在竞争中处于有利位置，这对小张来说似乎并不公平，小张大可以因不服气而找上司闹，或者在小李胜出后故意与之作对。但是，聪明的小张却很清楚眼前的人和事，自己要想有所作为，就必须将不服埋在心里，努力配合小李的工作，在公司博得一个好名声，这样，自己能力有了，也没得罪什么人，那高升的机会肯定会有。在这样斟酌之后，小张才将想法投入实际行动，最后，自己的目的也达到了。

　　然而，现实生活中，有些人却鼠目寸光，吃不得眼前亏，心胸狭隘，容不得一点损失，最终，他们难以成就大事。

　　可见，对于我们来说，在做每一件事情时都需要有长远的眼光，不计较眼前的小事，而是关注于长远的发展，从而达到舍小利而保大局的目的。

把握好做人做事的尺度和分寸

　　中国几千年的文化一直强调儒家的中庸之道，其精髓是

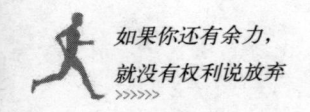

"不偏不倚""过犹不及",这说到底也是分寸的问题。无论是做人还是做事,无不渗透着对于分寸和火候的掌握。敢想敢干、当断则断是一种气度,脚踏实地、步步为营则是必要的策略。为人处世要讲分寸,拿捏得好,水到渠成;拿捏不好,前功尽弃。

可见,懂得减速和停止,是人生的一种境界。有时候,一味地追求高速度并不能达到目标,因为用了多大的冲劲,就能招致多大的损伤。这是必然的,或许就是因为有了喘息的机会,才有足够的体力进行下一步的飞跃。

当然,做人做事除了要懂得退让以外,还必须要掌握分寸,掌握分寸是为人处世的普遍规则,是获得好人缘的第一准则。为此,我们首先要懂得的就是内圆外方。

所谓的外圆内方,就是要求我们,对于自己,要有做人之本,有原则,不被他人所左右,也就是"方";而对外,与人打交道,要圆滑世故,融通老成,能够认清时务,使自己进退自如,游刃有余,也就是"圆"。

做人应当方外有圆,圆内有方。外圆内方之人,有忍的精神,有让的胸怀,有貌似糊涂的智慧,有形如疯傻的清醒,有

第09章
放眼未来，远见让你走得更远

脸上挂着笑的哭，有表面看是错的对……真正的"方圆"之人，没有失败，只有沉默，这是面对挫折与逆境的积蓄力量的沉默。

真正的"方圆"之人是大智慧与大容忍的结合体，有勇猛斗士的武力，有沉静蕴慧的平和，对大喜大悲能够做到泰然不惊；行动时，干练迅捷，不为感情所动摇；退避时，审时度势，全身而退，而且能够抓住最佳机会东山再起。

另外，掌握做人的分寸还有一点要求是：能屈能伸，"大丈夫能屈能伸"也是这个意思。任何一个人，都不可能一帆风顺度过一生，这就要求我们适时调换好"伸"与"屈"。在生活和事业处于困难、低潮或者逆境、失败时，如果能运用"屈"的智慧，往往会收到意想不到的效果。反之，该屈时不屈，一味地去伸，必遭沉重打击，甚至殃及生命，如此我们还有什么资格去谈人生、谈事业、谈未来、谈理想呢？

再者，待人接物也要做到冷热适中。歌德说过一句话："世间最纯粹、最暖人胸怀的乐事，莫过于看见一颗伟大的心灵对自己开诚相见。"人际交往中，我们强调要以诚待人，以真性情待人，对一切事物抱有积极热情的态度，这也是为人

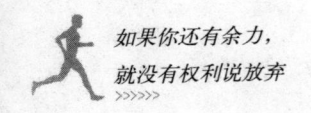

处世所必需的。比如你想得到朋友、同事的认可和接纳，就必须首先主动敞开自己的心怀，讲真话，做实事，以诚相见，这样朋友被你的诚实所感动，内心深处喜欢你，才愿意与你真诚交往。

但是，凡事都有个度的问题，热情也不能过了头，比如涉及朋友的隐私之事，你却不知审时度势，非要帮人家忙里忙外，让朋友难为情，既不好拒绝你，又无法谢绝你，搞得非常尴尬。所以，最好的分寸就是冷热适中，不即不离，勿以尊卑亲疏定冷热，这样才有可能使彼此友好关系保持长久。

最后，最为重要的一点是，做人做事要低调，"出头的橡子先烂""木秀于林，风必摧之""直木先伐，甘井先竭""始作俑者，其无后乎"……这类古训俗语常用来告诫人们，人心叵测，冒尖是要承担一定的风险的。我们不妨韬光养晦，不露锋芒，不动声色，以免易遭人妒恨受到攻击。低调并不是要否定那些勇往直前、万事当先的人，只是强调掌握适当的分寸。

能够真正掌握好分寸，是一件非常不容易的事。分寸隐藏于何处，不是触摸出来的，而是体会出来的。要学会把握分寸，必须通人情、晓世故，有修养。把握分寸是人的一种综合素质，是内在涵养与外在经验的集中表现。

计划周密，做足准备工作

所谓凡事预则立，不预则废，意思是说，任何事情只有提前筹备，才有可能获得成功，否则如果不提前筹备，就很有可能遭遇失败。看看那些成功者，不管是在哪个方面获得了成功，的确都是做足准备的。需要记住的是，这个世界上没有一蹴而就的成功，对于任何人都是如此。在做一件事情之前，我们必须制定目标，目标越明确，我们的动力也就越足；其次，还要做好规划，只有未雨绸缪，把很多问题想在前面，过程才能更加顺利；最后，还要坚持不懈。不管目标多么明确，计划多么周密，假如没有毅力完成整件事情，也就无所谓成功。

曾经担任联合国秘书长的安南，也曾对于事情的预防提出了自己独到的见解。在他看来，如果能够在一件糟糕的事情还未发生的情况下提前对其进行预防，那么不但能够极大地降低成本，

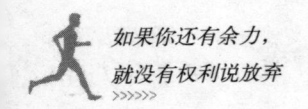

也能够使效率倍增。尤其是现代社会,事情发生的速度非常之快,变故也非常之大,唯有正确预防,有效预防,才能最大限度获得好的结果。别说是对于整个世界的局势了,即使对于我们自身而言,如果能够预先想到事情糟糕的结果,从而尽量从各个方面及时挽救,就能够避免够糟糕的结果发生,或者即便真的出现糟糕的结果,也能做到从容不迫,镇定应对。

大学毕业后,在校时期就是好朋友的郝鹏和李楠一起进入公司的销售部工作。原本,他们俩都是应届大学毕业生,没有工作经验,学历也完全相同,应该说是起点相同。但是三年之后,郝鹏却成为了李楠的上司,李楠依然是个普普通通的销售人员。为此,李楠百思不得其解,因为他觉得郝鹏并没有比他有特殊的优势。

一次散会后,曾经是好朋友、如今是上下级的李楠和郝鹏终于有了一次聊天的机会。李楠疑惑地说:"郝主管,咱俩是一起毕业的,但是现在你已经成为中层管理者,简直让我望尘莫及啊,我对您实在是佩服得五体投地。但是,你是如何做到的呢?咱们俩从进了公司也算朝夕相处,我真是没看出来,你能指教我一下吗?"郝鹏没有说话,笑而不语,过了一会儿才

第09章
放眼未来，远见让你走得更远

问："在进入公司的时候，你有计划吗？"李楠疑惑地问："计划？"郝鹏说："是啊，就是计划！"李楠犹豫地说："进入公司，我是一心一意想要好好干的，这是计划吗？"郝鹏笑了，说："刚刚进入公司时，我的确也和你一样，因为不了解工作的内容和流程，所以就想着要好好干。进入公司三个月之后，我逐渐了解了工作的流程和内容，对于公司的机制也有了了解，所以就为自己树立了目标：三个月之后成为优秀销售员，六个月之后成为金牌销售员，一年之后成为销售小组的组长，三年之后成为销售主管，五年之后成为部门经理……"还没听完郝鹏的雄心壮志，李楠就惊呼起来："原来这一切都在你计划之内！"郝鹏说："当然，也许时间不会卡得刚刚好，或者早一点儿，或者迟一点儿，但是我一直在按照计划发展。"李楠佩服地说："你可真是太厉害了，和你相比，我简直懵懂无知。现在我也去制定自己的计划，我可不能被你甩得太远了呀！"

经过和郝鹏的一番沟通，李楠彻底知道了自己的失败之处。原来，他除了告诉自己好好干之外，就再也没有其他的举动，但是郝鹏却是有备而来，把自己在几年之内的人生规划都做好了，

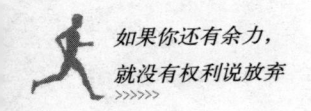

如果你还有余力，就没有权利说放弃

因而在工作中目标明确，动力强劲，进步神速。

当然，也许有人会说情势瞬息万变，如果一味地固守目标，也许中途就会有变化。然而，即便计划赶不上变化快，我们也依然要制定计划。有了计划之后的顺势改变，和没有计划像没头苍蝇一样误打误撞，是完全不同的。所谓磨刀不误砍柴工，理智的朋友们一定会从现在开始制定详细周密的计划，开始美好的人生。

第10章 控制好自己的心，有思路就不怕没出路

我们生活中的任何一个人，一旦进入社会，就需要学会做人做事，学会独自处理问题，的确，无论你现在从事什么职业，无论你的社会地位如何，你都要知道一点，要想成功，一味地努力是不够的，还需要运用思维的力量，灵活变通，懂得跳出思维的框框，懂得顺势而为，只有这样，你才能避免走很多弯路；只有这样，你在追求成功的道路上，也才能走得一帆风顺。

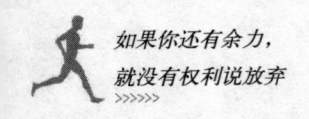

如果你还有余力,
就没有权利说放弃

有思路,就有出路

三十岁之前找不到人生的出路,并不可怕也不奇怪,要求自己在三十岁时就有很大的成就、令人羡慕的地位是不现实的。

人们都说苦难使人早熟,而现在三十岁之前的年轻人都是八零后,从小在蜜罐里长大。一个总是在幸福呵护中长大的年轻人,迷茫、缺乏方向感,必然不懂得怎样实现自己的价值。这是一个集体迷茫的时代,一方面是个人的原因,一方面也有社会的因素,社会正处在一个转型期,各种价值观念发生着碰撞,就连四五十岁的成年人都有一种迷茫感,更何况是三十岁之前的年轻人呢?

不过迷茫、找不到出路并不可怕,只要你有着坚定的信念,有着明确的思路,那迟早会找到自己人生的出路。可以说,年轻人现在是比较清醒的,对前途也有着自己的期待和规划,尽管这种规划还处在相当模糊的阶段。想一想以前未受教育的年轻人,

第10章
控制好自己的心，有思路就不怕没出路

他们二十几岁的时候只不过是懵懵懂懂地过日子，谁懂得去规划一个未来呢？相对而言，这一代大概是处在刚刚醒来但仍迷糊的阶段吧。

有人说80后是"失梦的一代"，失去梦想，满眼现实。有梦想是好事，但重视现实又有什么不对呢？为自己的将来规划一个可期的、现实的、明确的目标，不是比梦想更重要的一件事吗？为自己的将来寻找一条出路，不是每个人必须有的意识吗？从现在开始，年轻人就可以思考自己将怎样努力，这并不可耻，只有个人有明确的思路，个人才能成功，集体才能壮大，社会才有未来。

30岁之前，你一定要弄清楚自己可以做什么，很多年轻人之所以一事无成，是因为他们有着太多的选择，有着太多的目标，因为太贪心，反而一无所成。想做什么是一回事，能做什么是另一回事。一个人能做什么事，能在哪个领域获得成功，其实是非常有限的。看看你的父母是做什么的，看看你受过的教育是哪方面的，看看你的兴趣、你的天赋在哪，看看你的机缘在哪里，这一切就是你可能做的事情、可能的出路。

比尔·盖茨从小时候开始就对电脑软件感兴趣，他大学就读于哈佛的计算机专业，最终他的出路就在计算机领域；毛泽东的

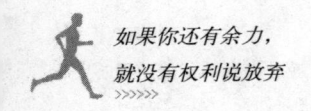

如果你还有余力，
就没有权利说放弃

父母都是农民，但他遇到了陈独秀，所以走上了革命的道路；李嘉诚从成年开始就处在受雇和雇佣别人的环境中，所以他成为了一个商人；杨振宁的父亲就是科学家，和很多学者一样，都成长于知识分子家庭，从小耳濡目染，自然选择了科学领域。

你在一个怎样的家庭中成长？你最熟悉哪个领域？你在学校受到了怎样的专业教育？你的天赋在哪里？你工作后遇到了哪些贵人？分析这些因素中，能够帮你找到你最终的出路，找到你最适合在哪个领域工作。只有最幼稚的人才会说"给我一个杠杆，我可以撬动地球"，成熟的人懂得用最短的时间弄清楚自己可以做哪些事，最擅长做哪些事，然后从这方面寻找契机，进行努力。

找到了自己适合哪条路，就在这条路上走下去，否则在不同的行业，完全不交叉的职业中转来转去、跳来跳去，是对人生最大的浪费。在你选定的领域中坚持下去，你最终就能走到事业的顶点。

现在就想一想，你事业的顶点在哪里？你可能达到吗？对于你来说你人生的顶点在那里？你满意吗？如果答案是否定的，你可能还需要对自己的职业进行再考量，或者寻找比较熟悉的交叉领域作为人生的顶点。

一个人，只有对自己的人生有明确的规划，才能够成就更大的事业，那些今天想这样做，明天想那样做的人，他们的思想都是非常幼稚和混乱的。清楚自己可以做什么，清楚自己人生可以达到的高度，才是一个人成熟的表现。

清晰的人生思路，比现实的出路还要重要，一个人，只有清楚自己能够做什么，正在做什么，将要怎样实现人生价值，才能变得更加成熟。

发自内心的改变，将使你脱胎换骨

现实生活中，并不是每个人都过得激情盎然、风生水起。相反，有很多人总感觉人生枯燥乏味、无聊透顶，因而始终提不起兴致来。对于这样的人生倦怠者，外界一味地刺激或者激励根本不起作用，最重要的是要改变他们的内心，从而让他们发自内心、心甘情愿地改变。

一个人要想改变自己，说起来很容易，因为我们人生的意

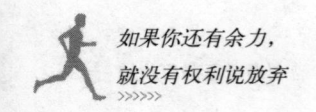

如果你还有余力，就没有权利说放弃

识形态很大程度上取决于我们的心态，但是也很难，因为只有我们真正热爱的，才能让我们真正兴奋起来，从而在人生路上激情燃烧。正如生活中有人很喜欢狗一样，也有的人很喜欢猫。有的人不喜欢孤独，只喜欢热闹，但是有的人却对孤独甘之如饴。究其原因，他们发自内心的热爱，使他们对于生活充满了渴望和憧憬，也使他们能够鼓起勇气勇敢追随生活的梦想和热爱。前文我们曾经说过，一个人要想真正获得成功，就要在深思熟虑之后，马上把自己的想法变成现实。当然，这只是行动与成功之间的关系。但行动和幸福之间并没有必然的联系。很多时候，我们为了迎合他人，博得他人的认可和赞赏，而毫无原则和底线地改变自己。最终，我们非但没有变成别人理想的样子，得到别人的夸赞，反而还失去了最真实自己的自己，导致自己变成了效颦的东施，徒然惹人嘲笑。那么，既然改变只会导致事与愿违，我们还有必要做什么吗？很多时候，不仅仅只有我们是事情的主宰，外界的环境因素和他人的作用，也会决定事情的发展方向。所以，我们必须占据主动位置，但是目的却是让自己满意，让自己更加欣赏自己，而并非迎合他人。

对于改变，很多朋友都有误解。对于普通的人生状况而言，

第10章
控制好自己的心，有思路就不怕没出路

换个妆容或者是改变为人处世的风格，的确能够给人不同的感觉。但是这些都只是表面上的改变，真正的改变应该发自我们的内心。唯有来自内心的改变，才能使我们焕然一新。很多人在职场上为了得到上司的认可和欣赏，总是处处争着表现自己。殊不知，对于事业，我们还是应该把功利心看得淡一些，从本质上认识到事业的重要性。人生也是如此，现代社会有很多人都怀着功利心，不愿意脚踏实地地付出，只想追求一蹴而就的成功。殊不知，这个世界上既没有天上掉馅饼的好事，也不会有一蹴而就的成功。我们唯有付出真心耐心和恒心毅力，才能苦尽甘来。

不可否认的是，很多时候我们无法认清楚自己的内心，这是因为我们的眼睛里只看到客观外界呈现出的表象，而不愿意开动脑筋努力加工这一切，使其内化成为我们与众不同的经验。然而，一切都在提醒我们，我们必须改变。

我们首先要爱自己，因为一个人只有爱自己，才有可能热爱这个世界，热爱客观存在的一切。其次，我们要发自内心地快乐，让自己充满积极的正能量，把正能量传递给我们身边的人，从而彻底改变我们的气场和生存的环境。最后，我们还要学会感恩。人生之中尽管经常遭遇坎坷挫折，但是我们唯有保持内心的

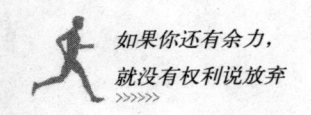

平静快乐，才能如愿以偿地拥有自己梦寐以求的人生。总而言之，面对人生，要想获得幸福快乐，我们首先要拥有能够成为快乐源泉的心灵。人生短暂，为了让人生没有遗憾，我们就要发自内心地改变，从而以行动珍惜我们宝贵的生命，彻底改变我们的人生。

认真勇敢地担起责任，以此得到别人的尊重

如果你想要更出色，就不要害怕承担责任，因为这是你走向成功的起点，也是超越自我的必要条件。责任往往能成就一个人的成功，无论做什么事情，只要认真地、勇敢地担起责任，你就能得到别人的尊重。

在生活中，每个人都扮演着不同的角色，承担着不同的责任，我们最大的成功就是履行好自己的责任。因为内心的责任感，会让我们在困难时咬牙坚持下去，在成功时保持清醒的头脑，在绝望时坚决不放弃。承担责任，在某些时候，并不单单为了自己，也是为了别人。

第10章
控制好自己的心,有思路就不怕没出路

在生活中,有许多人习惯寻找各种理由为自己推卸责任,他们将本该自己承担的责任转嫁给他人。试想,一个逃避困难、不敢承担责任的人,势必缺乏做事的能力和魄力,没有人会相信他能做好事情。在做事的过程中,放弃责任就等于放弃了成功的机会,因为强烈的责任感能激发一个人的潜能。我们经常可以看见这样一些人,他们缺乏最基本的责任感,当有人强迫他们工作的时候,他们才勉强应付工作,这样,他们又怎么会发挥出自己的潜能,怎么会有自己的魄力呢?

只是,当成功地推卸责任的同时,他们也失去了做事的应有魄力。因为,一个敢于承担责任的人,总是浑身充满着魄力,洋溢着无尽的神采。

责任使人进步,逃避使人退步。一个优秀、有魄力的人,应该怀有很高的责任感。对自己负责,对自己所做的一切负责任,无论那些事情是对还是错。

在现实生活中,敢于承担责任的人少之又少。在一个严重错误发生之后,大多数人会为自己找借口,或者把责任推到相关的人身上,因为害怕自己承担后果,他们选择了逃避责任、推卸责任。但是,在任何年代,那些敢于承担责任的人都是勇敢无私

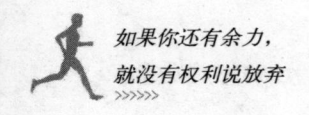

的，责任成为他们不断前进的动力。

不要让思维定式限制你的人生

在现实生活中，很多人不敢去追求梦想，因为他们心里早就默认了一个"高度"。这个"高度"就是思维定式。思维定式，顾名思义就是习惯性思维。生活中，我们常说，人生的高度取决于思维的高度，我们千万不能用思维定式为自己的人生设限，所有博弈的第一步就是与自己博弈，打好这一战尤为重要。

生物学家曾经做过这样一个实验：

一只跳蚤被放到桌面上，然后生物学家拍打桌子，此时，跳蚤会不自觉地跳起来，它弹起的高度甚至是他身高的好几倍。

接下来，跳蚤又被放到一个玻璃罩内，它再次跳跃时，碰到玻璃罩的顶部便被弹了回来。生物学家开始连续地敲打桌子，跳蚤连续地被玻璃罩撞到头，后来，聪明的跳蚤为了避免这一点，在跳的时候，高度总是低于玻璃罩的顶的高度。然后再逐渐降低玻璃罩的高度，跳蚤总是在碰壁后跳得再低一点。

最后，当玻璃罩接近桌面时，跳蚤已无法再跳。随后，生物学家移开玻璃罩，再拍桌子，跳蚤还是不跳。这时，跳蚤的跳高能力已经完全丧失了。

为什么会有这样的现象呢？其实这是一种思维定势下的表现。玻璃罩内的跳蚤，会产生这样一种想法：我再跳高了还会碰壁。于是，为了适应环境，它会自动地降低自己跳跃的高度。于是，和刚开始的"跳高冠军"相比，它的信心逐渐丧失，在失败面前变得习惯、麻木了。更可悲的是，桌面上的玻璃罩已经被生物学家移走，它却再也没有跳跃的勇气了。

行动的欲望和潜能被自己的消极思维定势扼杀，就叫作"自我设限"。

著名撑杆运动员布勃卡有句名言："记录就是用来打破的。"这句话多么狂妄而又多么让人心潮澎湃啊！他不断打破自己创造的记录，不断突破人们心目中运动的界限。因为陶醉于突破人体力的界限，他没有高处不胜寒的孤寂，他忘记了身体上的劳累与痛苦，从而创造了一个又一个不可思议的记录，突破了公认的体力界限。在挑战与突破界限的束缚过程之中，他自然也就创造了非凡的撑杆成绩，有了别人无法比拟的超高水平。摆脱不

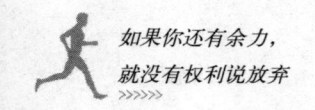

了思想的禁锢，人们永远也不可有进步。

摩托罗拉的一名主管声称："立志获得美国国家品质奖，有一种金钱买不到的奇效。"这就是目标的效力，有什么样的目标就有什么样的人生。目标使我们产生积极性，心理学家告诉我们，很多时候，人们不是被打败了，而是他们放弃了心中的信念和希望，对于有志气的人来说，不论面对怎样的困境、多大的打击，他们都不会放弃最后的努力。

阿西莫夫是美国的一位科普作家，他自幼天资聪颖，也参加了很多智商测试，得分总在160左右，这意味着他是智商超群的人，为此，他一直很自豪。

一次，他在街上遇到了自己十分熟悉的一位汽修工人，这位对阿西莫夫说："嗨，博士！我来考考你的智力，我出一道思考题，看你能不能回答正确。"

阿西莫夫点头同意。修理工便开始说题："有一位既聋又哑的人，想买几根钉子，来到五金商店，对售货员做了这样一个手势：左手两个指头立在柜台上，右手握成拳头做出敲击的样子。售货员见状，先给他拿来一把锤子，聋哑人摇摇头，指了指立着的那两根指头，于是售货员就明白了，聋哑人想买的是钉子。聋哑人买好钉子，刚走出商店，接着进来一位盲人。这位盲人想买一把剪刀，请问：盲人将会怎样做？"

阿西莫夫顺口答道："很简单，盲人肯定会这样。"说完，他开始做手势——他伸出食指和中指，做出剪刀的形状。汽车修理工一听笑了："哈哈，你答错了吧！盲人想买剪刀，只需要开口说'我买剪刀'就行了，他干吗要做手势呀？"

面对修理工的回答，阿西莫夫不得不认输，看来他自己还真是个笨蛋，而此时，修理工继续说："在考你之前，我就料定你肯定要答错，因为你受的教育太多了，不可能很聪明。"

这里，修理工所说的"你受的教育太多了，不可能很聪明"，并不是说学习使人变笨了，而是因为人的知识和经验多，头脑中的思维定式也就更多。

因此，我们每个人都应该明白突破自我的重要性，要时刻关注自己，时刻寻求新的突破，并敢于释放自己、改变自己。

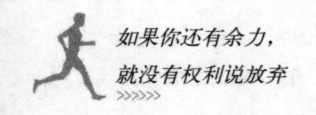

> *如果你还有余力，*
> *就没有权利说放弃*
> >>>>>>

勤奋努力，别为自己的懈怠找理由

任何社会中的人，都存在强弱之分，而且往往是强者更强，弱者更弱，弱肉强食。为什么会这样呢？因为弱者很多时候并不会努力充实自己，让自己变强，而是花费太多的时间抱怨，抱怨命运的不公。他们可能不明白，绝对的不公平是不存在的，能力强才是硬道理。因此，既然我们没有办法选择社会环境，为什么我们不选择改变自己呢？因此，我们其去抱怨，不如努力提高自己，为自己在未来的竞争中处于优势而提前练好功力，这才是正道。功力都不想练，却想能够成为赢家，天下有这么好的美事吗？

所以，我们需要记住的是，在如今竞争激烈的现代社会，面对压力，我们无论如何也不要为自己找懈怠的理由，而应该勤奋努力，朝更高的目标奋进。

生活中的人们，可能现在的你每天为生活奔波，生活、工作压得你喘不过气来，你开始抱怨生活、抱怨上司、抱怨家人。而其实，有压力才有动力，压力带给我们的不仅仅是痛苦和沉重，还能激发我们的潜能和内在激情，让我们的潜能得以开发。如果

第10章
控制好自己的心，有思路就不怕没出路

说，人一生的发展是不易反应的药物，那么压力就是一剂高效的催化剂。它不是鼓励你成功，而是逼迫你成功，让你没有放弃的余地。它带给人的，不仅仅是痛苦，更多的则是一种对生命潜能的激发，从而催人更加奋进，最终创造出生命的奇迹。

广览世界历史，你会得出这样一个结论——成功者无一不是战胜失败后而获得成功的。事实上，人的意志力的力量是强大的，可能我们对于自己能够变得多么坚强都毫无概念！大多数的人能够承受的压力超过我们的极限。每一个人的内在都有无限的潜能，但除非你知道它在哪里，并坚持用它，否则毫无价值。世界著名的大提琴演奏家帕柏罗卡沙成名之后，仍然每天练习6小时。有人问他为什么还要这么努力。他回答："我认为我正在进步之中。"

如果说，人一生的发展是不易反应的药物，那么压力就是一剂高效的催化剂。它不是鼓励你成功，而是逼迫你成功，让你没有选择不成功的余地。他带给人的，不仅仅是痛苦，更多的则是一种对生命潜能的激发，从而催人更加奋进，最终创造出生命的奇迹。

当然，凡事都有度，我们也要将压力控制在一定的范围内，

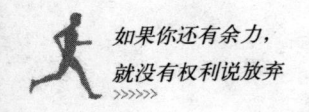

如果你还有余力，
就没有权利说放弃

因为人生就好像一根弦，太松了，弹不出优美的乐曲；太紧了，又容易断裂。唯有松紧合适，才能奏出舒缓且优雅的乐章。适当的压力，不仅是我们成长的必备养分，也是成就我们亮丽人生的重要元素！

参考文献

[1]叶舟.努力到无能为力,拼搏到感动自己[M].北京:黑龙江教育出版社,2018.

[2]墨陌.越努力越成功[M].广州:中图进出口(广州),2016.

[3]陶君豪.努力到无能为力,拼搏到感动自己[M].厦门:鹭江出版社,2016.

[4]墨陌.只要坚持,梦想总是可以实现的.南京:南京出版社,2016.